우주의
끝을
찾아서

우주 가속 팽창의
발견

'있을 수 없던'
우주 이야기

우주의
끝을
찾아서

이강환 지음

ᵹ 현암사

우주의 끝을 찾아서　　　초판 1쇄 발행　2014년　4월 30일
　　　　　　　　　　　　　초판 9쇄 발행　2023년 11월 25일

지은이　이강환
펴낸이　조미현

편집주간　김현림　　　　　펴낸곳　(주)현암사
교정교열　장미향　　　　　등록　1951년 12월 24일 · 제10-126호
디자인　이기준　　　　　　주소　04029
　　　　　　　　　　　　　　　　서울시 마포구 동교로12안길 35
　　　　　　　　　　　　　전화　02-365-5051
　　　　　　　　　　　　　팩스　02-313-2729
　　　　　　　　　　　　전자우편　editor@hyeonamsa.com
　　　　　　　　　　　　홈페이지　www.hyeonamsa.com

이 도서의 국립중앙도서관 출판시도서목록(CIP)은 서지정보유통지원시스템
홈페이지(http://seoji.nl.go.kr)와 국가자료공동목록시스템(http://www.nl.go.kr/
kolisnet)에서 이용하실 수 있습니다. → CIP제어번호 CIP2014012373

인간이 여러 세대에 걸쳐 부지런히 연구를 계속한다면,
지금은 짙은 암흑 속에 감춰져 있는 사실이라고 하더라도,
언젠가는 거기에 빛이 비쳐 그 안에 숨어 있는
진리의 실상이 밖으로 드러나게 될 때가 오고야 말 것이다.

세네카

<컬러 삽화 1> 헨리에타 레빗이 세페이드 변광성까지의 거리를 측정한 소마젤란은하. 우리 은하에서 약 21만 광년 떨어져 있는 우리 은하의 위성은하로 수천만 개의 별로 이루어져 있다. 남반구 하늘에서 볼 수 있으며, 왼쪽에 있는 천체는 구상성단 47 투카니 (47 Tucanae)이고 오른쪽 아래에 있는 천체는 구상성단 NGC 362이다. © Bogdan Jarzyna/APOD/NASA

<컬러 삽화 2> 허블이 처음 거리를 측정한 안드로메다은하. 우리 은하에서 약 230만 광년 떨어져 있으며 맨눈으로 볼 수 있는 가장 멀리 있는 천체이다. © Lorenzo Comolli /APOD/NASA

<컬러 삽화 3> Ia형 초신성이 만들어지는 과정. 적색 거성에서 방출된 물질이 백색왜
성으로 끌려들어가고 있다. 백색왜성의 질량이 찬드라세카르 질량의 한계를 넘어서면
Ia형 초신성으로 폭발하게 된다. © NASA/ESA

<컬러 삽화 4> 허블 우주망원경으로 촬영한 게성운. 1054년에 폭발한 초신성의 잔해로 메시에 목록 1번인 M1으로 알려져 있다. 중심부에는 초신성 폭발 후에 남은 중성자별인 펄사가 자리 잡고 있다. 이 펄사의 질량은 태양 정도이지만 크기는 수십 킬로미터밖에 되지 않는다. © J. Hester, A. Loll/ESA/APOD/NASA

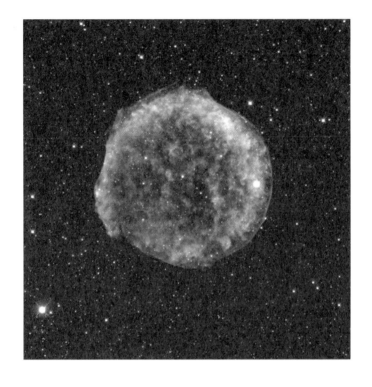

<컬러 삽화 5-1> 튀코 초신성 잔해. © X-ray: NASA/CXC/SAO; Infrared: NASA/
JPL-Caltech; Optical: MPIA, Calar Alto, O. Krause et al.

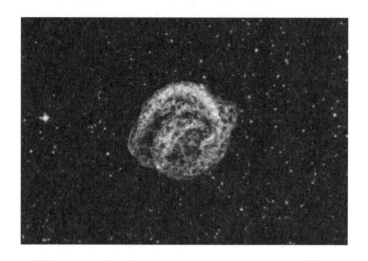

<컬러 삽화 5-2> 케플러 초신성 잔해. © X-ray: NASA/CXC/NCSU/M. Burkey et al. Optical: DSS

<컬러 삽화 5-3> 카시오페이아 A. © X-ray: NASA, JPL-Caltech, NuSTAR; Optical: Ken Crawford(Rancho Del Sol Obs.)

<컬러 삽화 6> 초신성 SN 1987A가 폭발한 지 25년이 지난 2012년에 촬영한 사진. 폭발의 잔해가 퍼져나가 고리를 만들고 있는 모습이다. 초신성 SN 1987A는 지구의 위성은하인 대마젤란은하에서 폭발한 초신성으로, 망원경이 발명된 후 지구에서 가장 가까운 곳에서 폭발한 초신성이기 때문에 계속 연구되고 있다. 하지만 양쪽으로 두 개의 고리가 생긴 이유는 아직 알려지지 않았다. 양쪽에 있는 밝은 별은 초신성과는 관계 없는 별이다. © ESA/Hubble, NASA

<컬러 삽화 7> 프리츠 츠비키가 관측하여 암흑물질의 존재를 처음으로 주장했던 코마 은하단. 사진에 나온 대부분의 점은 수십억 개에서 수천억 개의 별을 가진 은하들이다.
© Dean Rowe/APOD/NASA

<컬러 삽화 8> 가운데 보이는 4개의 빛은 하나의 퀘이사에서 나온 것이다. 앞에 있는 은하의 중력에 의해 퀘이사에서 나온 빛이 휘어져서 4개로 보이는 중력 렌즈 현상으로, 아인슈타인의 십자가라는 별명이 붙어 있다. © J. Rhoads(Arizona State U.) et al., WIYN, AURA, NOAO, NSF

<컬러 삽화 9> 총알 은하단. 붉은색으로 표시된 기체의 모양이 마치 총알처럼 생겼다고 해서 붙은 이름이다. 푸른색으로 표시된 암흑물질은 중력 렌즈 현상으로 관측된 것이고 눈에 보이는 은하나 기체보다 훨씬 더 큰 질량을 가지고 있다. 기체들은 충돌에 의해 중심부로 모이고 충격파 때문에 총알과 같은 모양을 가지게 된 데 반해 암흑물질은 충돌 과정에서 아무런 변화를 겪지 않았다. © X-ray: NASA/CXC/CfA/M.Markevitch et al.; Lensing Map: NASA/STScl; ESO WFI; Magellan/U.Arizona/D.Clowe et al.; Optical: NASA/STScl; Magellan/U.Arizona/D.Clowe et al.

<컬러 삽화 10> 허블 익스트림 딥 필드. 이 사진에 있는 약 5,500개의 천체들 중 우리 은하에 속한 몇 개의 별만 제외하고는 모두 별이 아니라 은하들이며, 지금까지 인류가 관찰한 가장 멀리 있는 것이다. © NASA, ESA, G. Illingworth, D. Magee, and P. Oesch(UCSC), R. Bouwens(Leiden Obs.) and the XDF Team

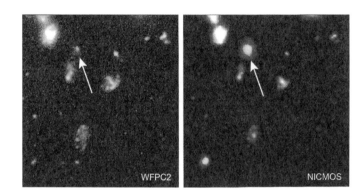

<컬러 삽화 11> 초신성 1997ff를 포함하고 있는 은하(화살표). 가시광선 카메라인 WFPC2보다 적외선 카메라인 닉모스에서 훨씬 더 선명하게 보이는 것을 확인할 수 있다.(R47)

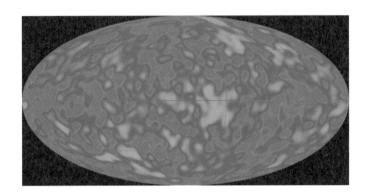

<컬러 삽화 12> 코비 위성이 관측한 우주배경복사의 온도 변화. 붉은색은 온도가 높고 푸른색은 온도가 낮다. © NASA, ESA, G. Illingworth, D. Magee, and P. Oesch (UCSC), R. Bouwens(Leiden Obs.), and the XDF Team

<컬러 삽화 13> WMAP이 관측한 우주배경복사의 온도 변화. 코비의 자료보다 해상도가 월등히 좋아진 것을 볼 수 있다. 가장 붉은 부분은 온도가 2.725K보다 0.0005K만큼 높고, 가장 푸른 부분은 0.0005K만큼 낮다. © NASA/WMAP Science Team

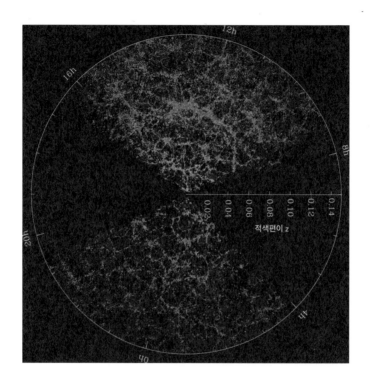

<컬러 삽화 14> 슬론 디지털 스카이 서베이에서 얻은 은하들의 분포도. 20억 광년까지의 은하들이 선과 같은 구조를 가지고 분포하면서 은하들이 거의 없는 공동(空洞)을 둘러싸고 있는 모습을 볼 수 있다. 점 하나하나는 최소 1억 개 이상의 별을 가진 은하들이다. 붉은색은 온도가 낮은 은하들, 푸른색은 온도가 높은 은하들이다. 검은색 원호 부분은 우리 은하의 먼지 때문에 관측이 불가능한 곳이다. © M. Blanton and the SDSS

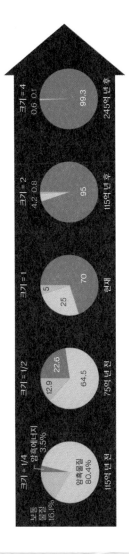

<컬러 삽화 15> 우주 구성 성분 비율의 변화. 파란색은 암흑에너지, 녹색은 암흑물질, 노란색은 보통물질이다. 우주 초기에는 암흑물질이 대부분을 차지했지만 미래에는 암흑에너지가 압도적인 비율을 차지하게 될 것이다.

23

추천사

우주는 어디로 가고 있나?

이형목(서울대학교 물리천문학부 교수)

얼마 전 언론은 우주 초기에 있었던 급팽창의 증거를 찾
았다는 기사를 대대적으로 보도했다. 아인슈타인이 정적
인 우주를 설명하기 위해 도입했다가 허블에 의해 우주가
팽창한다는 사실이 밝혀지면서 폐기했던 우주 상수가 최
근 화려하게 부활하고 있다. 그 첫 번째 신호탄은 1980년대
에 일련의 학자들에 의해 제기되었던 급팽창 이론이고, 두
번째는 1998년 초신성에 대한 관측을 통해 알려진 우리 우
주가 가속 팽창하고 있다는 사실이다. 이 책은 현재 우주의
가속 팽창에 대한 증거를 찾아낸 과정을 자세하게 설명하
고 있다.

천문학에서 천체의 거리를 밝히는 일은 중요하면서도 어
려운 문제다. 실제로 인간은 밤하늘의 별 가운데서 가장 가
까운 것들의 거리를 측정하면서 우주를 이해하는 첫걸음
을 떼었다. 과학 혁명이 태동하던 16세기의 유명한 천문학

자 튀코 브라헤는 행성들이 태양 주위를 공전하고 있다는 사실을 믿지 못했다. 그 이유는 하늘에 있는 별들의 위치가 일 년 내내 고정되어 있는 것처럼 보였기 때문이다. 그러나 거꾸로 이야기하면 별들의 위치가 변하지 않는다는 사실로부터 이들이 얼마나 멀리 있는가를 추정할 수도 있었을 것이다.

천체까지의 거리를 측정하기 위해 천문학자들은 다양한 방법을 사용한다. 가장 가까운 별들은 연주시차를 관측함으로써 거리를 구할 수 있다. 지구의 공전 때문에 천체의 위치가 변하는 것을 연주시차라고 부른다. 그러나 거리가 멀어질수록 연주시차의 값이 점점 작아져 관측하기 어렵기 때문에 다른 방법을 이용해야 한다. 그중 널리 쓰이는 것이 절대 밝기를 알고 있는 이른바 표준 광원을 이용하는 방법이다. 점차 별의 물리적 특성과 절대 밝기를 알 수 있게 되어 관측할 수 있는 별의 거리는 대부분 추정이 가능해졌다. 그러나 우리가 볼 수 있는 대부분의 별은 거의 우리 은하 안에 있으면서 특히 지구에 가까운 것들이었다. 천문학자들은 우주에는 수많은 별로 이루어진 은하들이 존재하고 이들은 별이라고 부르는 천체에 비해 엄청나게 멀리 떨어져 있다는 사실도 알게 되었다.

우리 은하의 크기는 아직 정확히 모른다. 다만 태양은 은하 중심으로부터 약 2만 5천 광년 떨어져 있으므로 지름이 최소 10만 광년 정도는 되지 않을까 추측한다. 반면 가장 가깝다고 알려진 안드로메다은하는 약 2백만 광년 떨어져 있다. 별보다 훨씬 멀리 있는 은하의 거리를 측정하는 일은 이보다 더 어렵다. 큰 망원경으로 가까운 은하의 바깥 부분을 관찰해보면 낱개의 별이 구분돼 보이므로 이들의 거리도 측정할 수 있다. 그러나 은하가 너무 멀어지면 아무리 큰 망원경을 이용한다 해도 보통의 별을 구별할 수 없다. 그런데 먼 은하에서 아주 밝은 별이 발견되고 이들의 절대 밝기를 알 수 있다면 이야기는 달라진다. 초신성은 이런 점에서 매우 중요한 별이다. 늘 볼 수 있는 것은 아니지만 일단 폭발하면 100억 광년 가까이 떨어진 곳에서도 관측이 가능하다. 이 초신성이 표준 광원이 된다면 이들을 활용해 거리를 측정할 수 있을 것이다.

은하까지의 거리 측정이 어려웠던 시절 허블은 놀라운 사실을 알아냈다. 은하들은 모두 우리로부터 멀어지고 있으며 멀리 있는 은하일수록 더 빨리 멀어지고 있다는 것이었다. 이것은 현재 '허블의 법칙'으로 알려져 있다. 이 법칙으로부터 지금은 멀리 떨어져 있는 은하들도 과거 어느 시점에는 모두 한 점에 모여 있었고, 이것들이 팽창을 거듭해 오늘에 이르게 되었다는 대폭발 우주론이 탄생했다. 사실 허블은 은하들이 거리에 비례하는 속도로 멀어지고 있다는 것은 알았지만 은하까지의 거리를 정확히 몰랐기 때문에 오늘날 우리가 허블 상수라고 부르는 비례 상수는 알지 못했다. 실제로 허블 상수를 둘러싼 논란은 오랫동안 지속되었고 우주론을 연구하는 사람들을 괴롭히는 요인이 되었다. 지금은 허블 상수의 오차가 매우 작아져서 어느 값을 택해야 할지에 대한 고민은 많이 줄어들었다.

천문학 가운데서도 우주론은 우주가 왜 갑자기 팽창하기 시작했는지, 그 과정에서 어떤 일이 일어났고, 어떤 식으로 진행돼왔는지, 또 우리 우주가 앞으로 어떤 모습으로 변할지 같은 물음에 답하려는 학문이다. 우리는 이런 질문에 대한 답을 어느 정도 갖고 있지만 아직도 많은 부분이 수수께끼로 남아 있다. 허블 상수는 현재의 우주 팽창 속도를 말해주고 있지만 과거와 미래의 우주까지 알려주지는 않는다. 중력은 자연계에 존재하는 네 가지 힘(약력, 강력, 전자기력, 중력) 가운데 가장 약하지만 우주를 지배할 수 있었는데 바로 끌어당기는 성질 때문이다. 이런 이유로 학자들은 우주의 팽창 속도가 시간이 지나면 점점 줄어들 것이라고 생각했다. 팽창 속도가 줄어드는 정도를 이용하면 우주의 나이와 우주에 존재하는 에너지의 양을 알 수 있다. 이를 위해서는 우주 팽창의 정도가 과거에서 현재까지 어떻게 변해왔는지를 알아야 한다. 과거를 알면 미래에 대한 예측도 가능해진다.

비교적 가까이 있는 은하의 속도와 거리를 측정하면 허블 상수를 구할 수 있지만 팽창의 역사를 재구성하기 위해서는 상당히 먼 은하들에 대한 관측 자료가 필요하다. 그러나 먼 은하일수록 거리를 측정하기가 어렵다. 뿐만 아니라 팽창의 양상이 어떻게 변화할지를 알아내기 위해서는 허블 상수를 구하는 것보다 훨씬 정교한 방법으로 거리를 측정해야 한다. 이를 위해 일련의 학자들은 가장 밝은 천체인 초신성에 주목했다. 그리고 오랜 연구 끝에 우주는 감속 팽창하는 것이 아니라 수십억 년 전부터 가속 팽창하고 있다는 사실을 알게 되었다. 이들은 감속 팽창의 구체적인 모습을 재구성하기 위해 연구하다가 결과적으로 우주 가속 팽창이라는 놀라운 사실을 발견하게 된 것이다. 이 과정은 결코 쉽지 않았지만 저자인 이강환 박사는 풍부한 자료와 일화를 통해 한번 읽기 시작하면 손에서 책을 내려놓기 어려울 정도로 흥미롭게 이야기를 풀어간다.

제대로 된 과학 서적이 드문 상황에서 이 책의 출간 소식에 기뻐하지 않을 수 없었다. 특히 이렇게 한 가지 주제를 심도 있게 다룬 국내 저자의 책은 번역서가 주를 이루는 요즘의 출판 현실에서 매우 뜻 깊은 사례다. 독자가 적다는 핑계로 집필을 꺼리고 있던 내 자신을 돌아보는 계기도 되었다.

저자는 관측 천문학을 주제로 박사학위를 받았다. 내가 지도교수였다고는 하지만 박사 과정을 시작할 당시 이미 그의 관측 지식은 나를 능가하는 수준이었다. 내 전공 분야가 관측이 아닌 이론 천문학이기도 하지만, 그보다는 국내 관측 천문학계의 대부라고 할 수 있는 이시우 교수님의 충분한 지도를 받아 실력을 쌓은 덕분이었다. 천문 관측은 단순히 망원경으로 천체를 관측하고 이렇게 관측한 자료를 기록하는 학문이 아니다. 관측하기 전에 미리 치밀하게 설계하지 않으면 관측 자료는 의미 없는 숫자의 나열에 지나지 않는 경우가 많다. 또 관측 결과는 매우 복잡한 자료 처리 과정을 거쳐야 비로소 과학적으로 유용한 자료로 거듭난다. 아마도 저자는 이런 과정을 독자들에게 알려주고 싶어서 이 책을 쓴 것이라고 짐작해본다. 많은 사람들이 단순히 연구 결과에 환호하지만 직접 관측을 하고 연구를 해온 사람 입장에서는 그 과정이 얼마나 힘들고 중요한지를 잘 알기 때문이다.

우주의 끝을 찾는 연구는 지금도 진행 중이다. 앞으로 또 어떤 새로운 반전이 우리를 기다리고 있을지 모른다. 그렇지만 천문학에 문외한이라도 이 책이 우주의 미래뿐만 아니라 천문학자들의 연구가 어떻게 진행되는지, 그리고 그것이 우리에게 의미하는 바는 무엇인지 등을 생각해보는 계기가 되기를 바란다.

추천사　　　우주는 어디로 가고 있나?　이형목　　　25

책머리에　　　　　　　　　　　　　　　　　35

1　가속 팽창하는 우주

1　　우주의 비밀을 알고 싶어 하는 사람들　　45

2　　빈 공간에서 나오는 에너지?　　51

2　우주의 거리는 어떻게 측정할까?

1　　별까지의 거리를 구하다　　67

2　　표준 광원　　76

3　　커지는 우주　　92

4　　잘못된 거리 측정과 허블 상수　　111

5　　우리는 모두 별의 잔해　　123

6　　초신성과 별의 죽음　　137

7　　거리 측정의 열쇠, Ia형 초신성　　144

3　우주 가속 팽창의 발견

1　　초신성 탐색을 시작하다　　155

2　　'초신성 우주론 프로젝트 팀'의 구성　　160

3　　누가 더 좋은 망원경을 더 오래 사용하는가　　174

4	초신성, 확실한 표준 광원이 되다	179
5	'높은 적색편이 초신성 탐색 팀'의 추격	185
6	더욱 정교해진 거리 측정 방법	199
7	초신성 우주론 프로젝트 팀의 앞선 성과들	213
8	감속 팽창하는 우주?	221
9	"안녕, 람다"	230
10	노벨상 공동 수상으로 끝난 두 팀의 경쟁	243
11	암흑물질과 우주의 줄다리기	254

4   우주는 정말 가속 팽창하는가?

1	검증대에 오른 Ia형 초신성	271
2	이상한 먼지들?	278
3	멀리 더 멀리	285
4	우주배경복사와 빅뱅 우주론	294
5	우주 탄생의 비밀을 간직한 우주배경복사	308
6	인플레이션 우주론, 빅뱅 이론의 한계를 해결하다	319
7	또 하나의 가속 팽창의 근거, 은하들의 분포도	327
8	우주의 미래, 그리고 암흑에너지의 정체는?	332

| 참고문헌 | 340 |
| 찾아보기 | 344 |

우주 이야기는 언제나 많은 사람들의 상상력을 자극한다. 그리고 우주는 언제나 우리의 상상을 뛰어넘는 놀라운 비밀들을 조금씩 보여주었다. 지구는 우주의 중심이 아니었고, 우리 은하에는 태양과 같은 별이 수천억 개나 있고, 그 별들도 태양과 같이 행성을 가지고 있고, 우리 은하와 같은 은하가 또 수천억 개나 있다. 그리고 이렇게 거대한 우주가 138억 년 전에는 무한히 작은 하나의 점에 모여 있었다. 이 책은 또 하나의 놀라운 우주의 비밀을 찾아가는 과학자들에 대한 이야기다.

매번 새삼스레 느끼는 것이지만 천문학은 참으로 놀라운 학문이다. 우주는 실험을 할 수도 우리가 보고 싶은 것을 보기 위해서 어떤 조작을 가할 수도 없다. 우주가 우리에게 제공해주는 유일한 단서인 빛을 관측하여 그 결과를 해석할 수 있을 뿐이다. 그렇기 때문에 천문학은 오랫동안 축적

되어온 자료와 지식이 특히 더 중요할 수밖에 없다.

빅뱅 이후 우주가 어떻게 팽창해왔는지 알아내려는 노력은 조금이라도 더 멀리 있는 은하의 거리를 조금이라도 더 정확하게 측정하는 과정의 연속이었다고 해도 과언이 아니다. 어떻게 보면 우주의 끝을 찾아가는 과정이라고 할 수 있을 것이다. 우리의 일상 경험으로는 상상하기도 힘들 정도로 멀리 있는 별과 은하의 거리를 측정하는 방법은 어느 날 누군가가 갑자기 만들어낸 것이 아니다. 그것은 이전의 과학자들이 쌓아놓은 벽돌 위에 또 하나의 벽돌을 하나씩 올려가는 과정이다. 단 하나의 벽돌을 올려놓는 것도 수많은 과학자들의 엄청난 노력이 필요한 일이다. 우주의 비밀을 알아내기 위해서 과학자들이 어떤 노력을 해서 어떻게 벽돌을 쌓아갔는지 보여주고 싶었다.

에드윈 허블의 발견으로 우리의 시야는 우리 은하를 벗어나 먼 우주를 향할 수 있게 되었다. 그 과정에는 헨리에타 레빗이 쌓아올린 벽돌이 발판이 되었다. 우주가 팽창하고 있다는 사실을 알게 되고 그것은 빅뱅 우주론을 탄생시켰으며 우주배경복사의 발견으로 가설은 이론이 되었다. 눈에는 보이지 않지만 분명히 존재하는 신비의 물질인 암흑물질이 우주 팽창에 미친 영향을 알아내기 위해서 폭발하는 별인 초신성을 거리 측정의 도구로 사용했다. 그런데 그렇게 해서 알아낸 것은 암흑물질의 역할이 아니라 암흑에너지라는 또 다른 신비한 존재가 있다는 사실이었다. 이 과정은 어떤 영화나 드라마보다 더 극적인 반전이었다.

과학의 가장 강력한 장점은 스스로 오류를 수정하면서 발전해나간다는 것이다. 우주 가속 팽창을 발견하기까지 수많은 시행착오와 잘못된 판단들이 있었지만 누적된 연구 결과로 그 잘못을 하나씩 바로잡아나갔다. 예상하지 못했던 결과에 당황하면서도 그것을 있는 그대로 받아들여 새로운 발견으로 이끌어낸다. 사물을 객관적인 시각으로 바라보고 그것에 기초하여 새로운 결론을 이끌어내는 과정은 과학뿐만 아니라 여타의 분야에서 기본적인 자세로 삼아야 할 것이라고 생각한다.

인류 역사는 항상 그래왔지만 현대는 특히 상상력과 창의력이 강조되는 시대다. 과학적인 관점에 근거를 두지 않은 상상력은 오히려 더 좁은 틀에 갇히기 쉽다. 그저 믿고 싶은 대로 믿어버린다면 더 이상 상상을 펼쳐갈 여지가 없어져버린다. 과학적인 관점을 익히는 것은 창의적인 사고를 펼치기 위한 튼튼한 기반이라고 할 수 있다. 이 책을 읽는 독자들도 과학적인 사실을 이해하는 데 그치지 않고 그 사실을 알아내가는 과정을 파악하면서 읽으면 더 많은 것을 얻을 수 있을 것이다.

천문학은 다른 과학 분야에 비해 대중의 관심을 비교적 많이 받기 때문에 대중을 상대로 한 책도 상대적으로 많고 그중에는 훌륭한 책들도 많이 있다. 여기에 별 의미 없는 책을 하나 보태 독자들의 선택에 혼란을 주고 싶지는 않다. 그래서 이 책은 단순한 정보의 전달보다는 과학자들이 실제로 어떤 방식으로 새로운 사실을 알아내는지 그 과정을 보여주고자 노력했다. 과학자들의 연구 결과는 논문으로 발표된다. 그러나 일반인이 과학자들이 쓴 논문을 직접 접하기는 쉽지 않다. 이 책에서는 과학자들이 논문에서 관측 자료들을 어떻게 표현하고 어떻게 해석하는지를 조금이나마 알려주기 위해서 실제 논문에 실린 자료와 그래프들을 그대로 소개했다. 조금은 어렵고 생소할 수도 있지만 차분히 따라가다 보면 과학자들이 자료를 분석하고 해석하는 방법을 어렴풋이나마 이해할 수 있을 것이다.

원고를 준비하는 도중에도 우주에서는 많은 일들이 일어났다. 플랑크 우주망원경의 관측 결과가 발표되었고 전설적인 명작 '코스모스'가 새로운 옷을 입고 방송되기 시작했다. 외계인이 주인공인 드라마가 최고의 인기를 얻었고 우리나라에 몇 십 년 만에 처음으로 운석이 떨어지기도 했다. 그중에서도 가장 극적인 사건은 빅뱅 직후 인플레이션의 증거가 발견된 것이라고 할 수 있을 것이다. 과학자들의 오랜 노력으로 우주의 비밀을 또 한 꺼풀 벗겨낸 대단한 사건이다. 하지만 우주는 한 꺼풀의 비밀을 벗겨내면 그만큼 아니 그 이상의 더 많은 의문점을 제시해준다. 어쩌면 끝이 없을지도 모르는 지난한 과정일 수 있지만 이 점이 바로 우주를 탐구하면서 얻을 수 있는 최고의 즐거움이 아닐까 싶다. 무엇이 나타날지 모르는 미지의 세계로 떠나는 모험만큼 짜릿한 것이 또 어디 있겠는가.

이 책은 국립과천과학관 덕에 나올 수 있었다. 이곳에서 각계각층의 사람을 만날 수 있었고, 사람들이 어떤 것을 궁금해하며 어떤 설명을 원하는지 이해할 수 있었다. 대중을 대상으로 하는 강연 기회를 그 누구보다도 많이 얻을 수 있었고 이 책도 바로 그 결과물이다. 국립과천과학관과 그곳에서 과학문화 발전을 위해 최선을 다하고 있는 직원들은 우리나라 과학의 소중한 자산이다.

도입부의 초고를 읽고 내용을 검토해준 고등과학원 김주한 박사에게 감사드린다. 동료 학자들의 귀중한 연구 시간을 방해하지 않기 위해서 전체 원고를 검토해달라는 부탁은 아무에게도 하지 않았다. 그러므로 내용에 오류나 잘못된 설명이 있다면 그 책임은 전적으로 저자에게 있다. 초보 저자를 믿고 소중한 출판의 기회를 준 현암사에 고마움을

전한다. 업무의 특성상 어쩔 수 없는 늦은 퇴근과 잦은 주말 근무를 이해해주고 사랑으로 아이들을 돌보면서 너무나도 예쁜 셋째 아이까지 선물해준 사랑하는 아내 지현이와 소중한 아이들 규민, 규빈, 규정이에게 나의 첫 번째 책을 바친다.

2014년 4월
이강환

우주의 비밀을
알고 싶어 하는 사람들

　우주는 빅뱅으로 탄생하여 지금도 팽창을 계속하고 있다. 우리나라 사람치고 빅뱅이라는 멋진 이름을 모르는 이는 거의 없을 것이다. 그 이유의 하나는 아마도 나도 좋아하는 인기 아이돌 그룹 빅뱅 때문일 것이다. 예전에 한 텔레비전 퀴즈 프로그램에서 출연한 연예인들을 상대로 대략 다음과 같은 문제를 낸 적이 있다. '우주는 무한히 작은 한 점에서 대폭발이 일어나 탄생했다. 이 대폭발을 영어로 무엇이라고 할까?' 내가 흥미로웠던 점은 나중에 문제의 답을 알게 된 한 연예인의 반응이었다. 쉬운 문제를 왜 이렇게 어렵게 내느냐는 것이었다. 가수 빅뱅은 쉽지만 우주를 탄생시킨 빅뱅은 어렵다. 가수가 아닌 우주론에서 빅뱅의 의미, 그리고 그 결과로 우주가 팽창하고 있다는 사실을 알고 있는 사람이 과연 얼마나 될지 나는 항상 궁금하다.
　천문학은 참으로 놀라운 학문이다. 천문학은 인류의 가

장 오래된 의문인 우주에 대한 궁금증을 연구한다. 한국 천문학의 중심지라고 할 수 있는 한국천문연구원의 입구에는 다음과 같은 글귀가 새겨져 있다.

"우리는 우주에 대한 근원적 의문에 과학으로 답한다."

우주는 어떻게 태어났으며 어떻게 변해왔고 앞으로는 어떻게 될까? 인류 역사 대부분의 기간 동안 이 의문은 철학과 상상의 영역이었다. 천문학은 영원히 철학과 상상의 영역으로 남아 있을 것만 같던 의문에 과학적인 해답을 제시하고 있다.

우주에 대한 근원적 의문에는 이것 외에도 여러 가지가 있을 것이다. 우주의 나이는 얼마일까? 별과 은하는 어떻게 만들어졌을까? 다른 곳에도 지구에서와 같은 생명체가 살고 있을까? 등등. 그런데 이런 의문들의 공통점이라고 한다면 이 모든 의문들이 우리가 먹고사는 문제와는 직접적 연관이 없다는 것이다. 하지만 인류 역사에는 언제나 먹고사는 문제와는 상관이 없어 보이는 의문에 대한 답을 찾으려는 사람들이 있었고, 그중 많은 이들이 위대한 사람으로 역사에 이름을 남겼다.

물론 우리와 직접 연관이 없어 보이는 이런 사실들이 실제로 우리의 사고에는 많은 영향을 미치고 있을 것이다. 우리 우주가 언제나 존재하고 있었던 것이 아니라 과거 어느 시점엔가 태어난 것이고, 하늘에 떠 있는 저 별들이 태양과 비슷한 또 다른 세계라는 사실 정도는 대부분의 사람이 알고 있을 것이다. 이런 사실을 알고 있는 사람들이 과거 지구가 우주의 중심이라고 믿었던 사람들과 똑같은 방식으로 세상을 보지는 않을 것이다.

하지만 우주의 모습에 대한 좀 더 구체적인 사실은 여전히 많은 사람들의 지식 범위 밖에 있다. 2011년 노벨 물리학상을 수상한 애덤 리스(Adam Riess)는 물리학과를 졸업한 후 대학원에서 우주가 팽창하고 있다는 사실을 처음 알았을 때 큰 충격을 받았다고 고백한 적이 있다. 1920년대에 밝혀진 사실을 1990년대 초반에 물리학을 공부한 과학도가 몰랐을 정도니 일반 사람들은 어느 수준이겠는가. 더욱 놀랍게도 우주가 그냥 팽창하는 것이 아니라 팽창하는 속도가 점점 빨라지는 가속 팽창을 하고 있다는 사실이 불과 10여 년 전에 밝혀졌다. 우주가 팽창하고 있다는 사실도 모르고 살아가는 사람들에게는 우주의 팽창 속도가 느려지든 빨라지든 별 상관이 없는 일이겠지만 우주의 비밀을 알고 싶어 하는 사람들에게 이것은 너무나 엄청난 사건이었다.

이 엄청난 사건의 결과는 노벨상 수상으로 이어졌다. 2011년 노벨 물리학상은 우주가 가속 팽창하고 있다는 사실을 밝힌 천문학자 세 명에게 돌아갔다. 미국 UC 버클리

<그림 I-1> 2011년 노벨 물리학상 수상자들. 왼쪽부터 솔 펄머터, 브라이언 슈밋, 애덤 리스.

대학의 솔 펄머터(Saul Perlmutter) 교수, 오스트레일리아 국립대학의 브라이언 슈밋(Brian Schmidt) 교수, 그리고 대학원에 입학할 때까지 우주가 팽창하고 있다는 사실도 몰랐던 존스 홉킨스 대학의 애덤 리스 교수가 그 주인공이다.(그림 I-1)

　우주론 분야에서의 노벨상 수상은 이들에 앞서 이미 두 번이 있었다. 첫 수상은 우주배경복사를 발견한 아노 펜지어스(Arno Penzias)와 로버트 윌슨(Robert Wilson)이 1978년에 수상한 것이고, 두 번째로 우주배경복사가 완벽하게 균일하지 않고 미세한 온도 차이를 가지고 있다는 사실을 확인한 존 매더(John Mather)와 조지 스무트(George Smoot)가 2006년 이상을 수상하였다. [우주론 분야는 아니지만 결과적으로 우주론에 큰 영향을 미친 수상자로는 1983년 노벨 물리학상을 수상한 인도 출신 천문학자 수브라마니안 찬드라세카르(Subrahmanyan Chandrasekhar)가 있다.] 하지만 앞서 두 번의 노벨상과 2011년 세 번째 노벨상은 그 성격이 상당히 다르다.

우주배경복사의 발견은 빅뱅 우주론이 표준 우주 모형이 되는 데 결정적인 역할을 한 사건으로, 발견되기 전부터 이론적으로는 예측되고 있었다. 우주배경복사의 미세한 온도 차이 역시 은하와 별이 만들어지기 위해서는 반드시 존재해야 하는 것으로 이론적으로 예측되고 있었다. 실제로 다른 분야의 노벨상도 이론적으로 예측되고 있던 것을 발견하거나 반대로 발견된 결과를 이론적으로 설명하는 사람에게 주어지는 경우가 대부분이다. 그런데 우주 가속 팽창의 발견은 이와는 전혀 다르게, 이론적으로 예측되던 것과 정반대의 결과에 노벨상이 주어졌다.

기존의 표준 우주 모형에 따르면 우주는 반드시 팽창 속도가 점점 줄어드는 감속 팽창을 해야만 한다. 당연히 거의 모든 천문학자들도 그렇게 믿고 있었다. 남은 문제는 줄어드는 비율이 어느 정도인가를 알아내는 것뿐이었다. 우주 가속 팽창을 발견한 사람들의 원래 목적도 사실은 팽창 속도가 어느 정도의 비율로 줄어드는가를 측정하는 것이었다.

그렇기 때문에 예측과 정반대 결과에 그들 자신도 당혹스러울 정도였다. 우주가 가속 팽창하는 원인은 아직 밝혀지지 않았다. 결국 2011년의 노벨 물리학상은 예측과 정반대일 뿐만 아니라 그 원인도 정확하게 모르는 결과를 발견한 업적에 수여된 것이다. 그만큼 그 발견 자체가 중요하다는 의미다.

빈 공간에서 나오는 에너지?

공중으로 공을 던져 올리면 공은 속도가 점점 줄어들다가 다시 땅으로 떨어진다. 지구의 중력 때문이다. 만일 공에 로켓을 달아서 아주 빠른 속도로 날아간다면 공은 지구의 중력을 벗어날 수 있을 것이다. 하지만 이 경우에도 지구의 중력을 벗어나는 동안 공의 속도는 지구의 중력 때문에 점점 줄어든다.

우주도 마찬가지다. 빅뱅에 의해 팽창하는 우주는 내부에 있는 물질 또는 에너지의 형태로 존재하는 물질-에너지의 중력 때문에 팽창하는 속도가 점점 줄어들 것이다. 내부의 물질-에너지가 아주 크다면 팽창 속도가 빠르게 줄어들어 결국 다시 수축하게 될 것이고 내부의 물질-에너지가 그다지 크지 않다면 다시 수축하지는 않고 계속 팽창하기는 하겠지만 팽창 속도는 여전히 줄어들 것이다. 어떤 경우든 우주의 팽창 속도가 내부 물질-에너지의 중력 때문에 줄어든다는 것은 의심할 수 없는 사실이었다. 이것이 빅뱅 이론이 등장한 이후 대부분의 과학자들이 믿고 있었고, 모든 과학교과서에도 나와 있는 내용이었다.

그런데 공중으로 던진 공이 속도가 줄어드는 대신 오히려 점점 빨라져서 우주로 날아가버린다면 이것을 어떻게 설명해야 할까? 우리가 알고 있는 과학 이론으로는 이런 경우를 도저히 설명할 수가 없다. 중력이 전혀 없는 곳에서 공을 던진다면 공의 속도가 줄어들지 않고 일정한 속도로 날아갈 수는 있을 것이다. 우주에도 내부에 중력을 미칠 만한 아무런 물질-에너지가 없다면 팽창 속도는 줄어들지 않고 일정한 속도가 될 수 있다. 하지만 어떤 경우에도 속도가 점점 빨라질 수는 없다. 그런데 실제로 우주에서는 도저히 일어날 수 없는 바로 이런 일이 벌어지고 있는 것이다.

팽창하고 있는 우주의 미래는 우주에 얼마만큼의 물질-에너지가 있느냐에 달려 있다. 어떤 물체가 물에 뜨고 안 뜨고는 그 물체의 전체 질량이 아니라 밀도가 물보다 큰가 작은가로 결정된다. 팽창하고 있는 우주의 미래도 우주의 물질-에너지 밀도가 특정한 물질-에너지 밀도인 '임계 밀도'(critical density)와 어떤 관계에 있느냐에 따라 결정된다. 즉 우주의 물질-에너지 밀도가 임계 밀도보다 작다면 우리 우주는 공간이 바깥으로 휜 '열린 우주'(open universe)가 된다. 이 경우에는 우주의 팽창 속도가 조금씩 느려지면서 영원히 팽창을 계속하게 된다. 우주의 물질-에너지 밀도가 임계 밀도보다 크다면 우리 우주는 공처럼 공간이 안으로 휜 '닫힌 우주'(closed universe)가 된다. 이 경우에는 우주의 팽창 속도가 느려지다가 결국 팽창이 멈춘 다음 다시 수축하게 될 것이다. 그리고 우주의 물질-에너지 밀도가 임계 밀도와 정확하게 같다면 우주는 팽창 속도가 느려지면서 서서히 팽창하는 '편평한 우주'(flat universe)가 된다. 천문학에서는 우주의 물질-에너지 밀도를 임계 밀도로 나눈 값을 '밀도 변수'(density parameter)라고 부르고 그리스 문자 Ω로 표시한다. 즉 Ω가 1보다 작으면 열린 우주, Ω가 1보다 크면 닫힌 우주, 그리고 Ω가 정확하게 1이 되면 편평한 우주가 되는 것이다.(그림 I-2)

이런 사실을 설명하는 〈그림 I-2〉는 불과 얼마 전까지만 해도 모든 과학교과서에 수록되어 있었다. 이 세 우주 팽창 모형의 공통점은 우주의 팽창 속도가 줄어들고 있다는 것이다. 그러므로 우리는 우주의 팽창 속도가 얼마만큼 줄어들고 있는지만 밝히면 우리가 어떤 우주에 살고 있는지 알아낼 수 있다.

우주가 팽창하고 있다는 사실은 1929년에 멀리 있는 은하일수록 더 빠른 속도로 멀어지고 있다는 것을 관측한 에

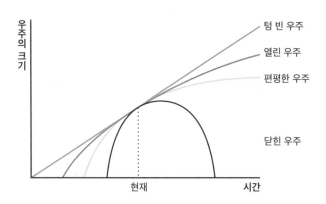

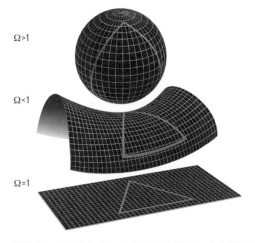

<그림 I-2> '열린 우주'는 공간이 바깥으로 휜 상태로 팽창하고, '편평한 우주'는 편평한 상태로 팽창하며, '닫힌 우주'는 언젠가 팽창을 멈추고 수축하게 된다. 우주에 물질-에너지가 전혀 없는 텅 빈 우주는 우주의 팽창 속도가 일정하고 나머지 경우는 비율은 다르지만 어쨌든 모두 팽창 속도가 줄어든다.

드윈 허블(Edwin Hubble)에 의해 밝혀졌다. 허블은 멀리 있는 은하들의 적색편이(redshift, 기호로는 z로 표시)를 관측하여 이 같은 사실을 알아냈다.

움직이는 물체에서 나오는 빛은 물체가 관측자 방향으로 다가가면 빛의 파장이 짧은 쪽으로 이동하는 청색편이가 일어나고 물체가 관측자에게서 멀어지면 빛의 파장이 긴 쪽으로 이동하는 적색편이가 일어난다. 이것은 1842년 오스트리아의 물리학자 크리스티안 도플러(Christian Doppler)가 발견하고 설명했기 때문에 도플러 효과라고 한다.

허블이 알아낸 것은 멀리 있는 은하일수록 적색편이가 더 크게 나타난다는 사실이었다. 이후 많은 관측과 연구를 통해서 우주가 현재 팽창하고 있다는 사실은 명백해졌다. 이제 우주의 팽창 속도가 얼마만큼 줄어들고 있는지만 알아내면 되었다.

우주의 팽창 속도가 얼마만큼 줄어들고 있는지를 알아내려면 현재의 우주 팽창 속도와 과거의 우주 팽창 속도를 비교해보면 된다. 그런데 우주의 팽창 속도를 구하는 것은 간단한 일이 아니다. 우주가 팽창한 속도를 구하기 위해서는 멀리 있는 은하까지의 거리를 구해야 하기 때문이다. 현재의 우주 팽창 속도는 가까이 있는 은하를 관측하여 비교적 쉽게 구할 수 있다. 가까이 있는 은하까지의 거리를 구하는 방법은 여러 가지가 있기 때문이다. 하지만 과거의 우주 팽창 속도를 구하기 위해서는 멀리 있는 은하까지의 거리를 구해야 하는데 이것은 상당히 까다로운 일이다.

1990년대가 되면서 특정 형태의 초신성이 멀리 있는 은하까지의 거리를 구하는 데 적합하다는 사실이 밝혀졌다. 그래서 솔 펄머터가 이끄는 '초신성 우주론 프로젝트 팀'(Supernova Cosmology Project team)과 브라이언 슈밋과 애덤 리스가 중심이 된 '높은 적색편이 초신성 탐색 팀'(High-z Supernova Search team)의 과학자들은 우주의 팽창 속도의 변화를 알아내기 위해서 멀리 있는 은하들에서 나타나는 초신성들을 관측했다.

만일 우주에 중력을 미칠 수 있는 물질-에너지가 전혀 없다면, 즉 Ω가 0이라면 우주는 일정한 속도로 팽창할 것이다. 이런 우주를 '텅 빈 우주'(coasting universe)라고 부른다. 이런 경우에는 멀리 있는 초신성들의 밝기가 거리에 따라 어떻게 변할 것인지 이론적으로 쉽게 예측할 수 있다. 그런데 우리 우주는 텅 빈 우주가 아니기 때문에 우주의 팽창 속도는 시간이 갈수록 줄어들 것이라고 예측되었다. 이 경우에는 우주의 크기가 텅 빈 우주의 경우보다 더 작게 된다. 그러므로 멀리 있는 초신성은 텅 빈 우주의 경우보다 더 가까운 곳에 있을 것이기 때문에 더 밝게 보여야 할 것이다. 우주의 물질-에너지 밀도가 아주 크다면 팽창 속도는 더 크게 줄어들고 있을 것이기 때문에 초신성은 훨씬 더 밝게 보일 것이고 그렇게 크지 않다면 조금 덜 밝게 보일 것이다. 두 팀은 이렇게 예상하고 멀리 있는 초신성들이 텅 빈 우주의 경우보다 얼마나 더 밝게 보이는지 알아보기 위해 초신성들을 관측했던 것이다.

서로 경쟁하던 두 팀은 1998년, 독립적으로 관측 결과를 발표했다. 사용한 초신성과 분석 방법은 달랐지만 두 팀의 결론은 정확하게 일치했다. 멀리 있는 초신성들은 더 밝게 보이는 것이 아니라 오히려 더 어둡게 보였다! 전혀 예상하지 못했던 결과에 두 팀은 모두 당혹스러울 수밖에 없었다. 하지만 관측 결과는 너무나 명확했다. 멀리 있는 초신성들의 밝기는 감속 팽창에서 예측한 수준뿐만 아니라 텅 빈 우주에서 예측한 것보다도 분명히 더 어두웠다. 이 초신성들은 예상했던 것보다 훨씬 더 멀리 있었던 것이다.

초신성들이 원래 있어야 할 곳보다 훨씬 더 멀리 있는 이유에 대해 두 팀이 내릴 수 있었던 유일한 논리적인 결론은 우주의 팽창 속도가 점점 빨라지고 있다는 것이었다. 즉 우리는 감속 팽창하는 우주가 아니라 가속 팽창하는 우주에 있는 것이다. 그렇다면 결국 우주는 영원히 팽창을 계속할

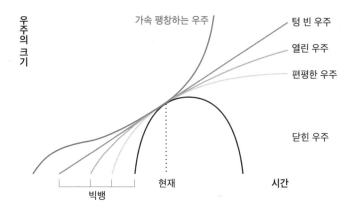

<그림 I-3> 우리는 가속 팽창하는 우주에 살고 있다.

것이며 시간이 갈수록 팽창 속도는 점점 더 빨라질 것이라
고 결론 내릴 수밖에 없다. 그러므로 모든 과학교과서의 그
림은 〈그림 I-3〉과 같은 새로운 그림으로 바뀌어야만 하는
것이다. 과학에서 중요한 발견이 이루어졌을 때 흔히 하는
말 중 하나가 "교과서의 내용을 바꿀 만한 발견"이다. 이 발
견이 바로 실제로 교과서의 내용을 바꾼 그런 발견이었다.

공중으로 던져 올린 공이 갑자기 점점 속도가 빨라지다
가 우주로 날아가버리는 것을 본 사람은 이것을 어떻게 설

명해야 할까? 우리 눈에 보이지 않는 어떤 힘이 공을 밀어 올리거나 위로 끌어당겼다고 생각할 수밖에 없을 것이다. 우주의 가속 팽창 현상을 바라보고 있는 과학자들도 마찬가지다. 우주의 가속 팽창을 설명하기 위해서는 우주의 중력을 이기고 우주를 팽창시키는 눈에 보이지 않는 어떤 에너지가 있다고 생각할 수밖에 없다. 이 에너지는 아무것도 없는 빈 공간에서 나오는데, 중력에 반대되는 힘으로 작용한다. 그런데 재미있게도 이 이상한 설명은 새로운 것이 아니다. 빈 공간에서 나오는 밀어내는 힘은 이미 약 80년 전에 아인슈타인(Albert Einstein)이 생각해냈던 것이다.

아인슈타인의 일반 상대성 이론은 중력을 힘이 아니라 시공간의 휘어짐으로 설명하고 있다. 그 내용은 단 한 줄의 방정식으로 요약된다. 이 방정식을 이용하면 질량과 에너지의 분포에 따라 시공간이 어떻게 휘어지는지 정확하게 계산할 수 있다. 아인슈타인은 자신의 방정식을 우주 전체에 적용해 우주의 모형을 구했고 그 결과에 크게 당황했다. 그는 우주가 정적인 상태를 유지하며 변화가 없다고 확신하고 있었다. 그런데 이런 우주는 결국 중력 때문에 모든 물질이 한 곳으로 모이게 되는 것이었다. 우주가 정적인 상태를 영원히 유지한다고 굳게 믿었던 아인슈타인은 고민 끝에 자신의 방정식에 '우주 상수'(cosmological constant)라는 새로운 항을 추가했다.

우주 상수는 중력에 반대되는 역할을 하는 항이다. 아무 것도 없는 빈 공간에서 나오는 보이지 않는 밀어내는 힘이 우주 안의 모든 물질의 중력을 정확하게 상쇄하여 정적인 우주가 된다는 것이다. 훗날 허블의 발견으로 우주가 팽창한다는 사실이 명확해지자 아인슈타인은 우주 상수를 자신의 "일생일대의 실수"라고 말했다고 한다. 하지만 이 우주 상수가 수십 년이 지난 뒤에 우주 가속 팽창의 발견으로 다시 주목받게 될 줄은 아인슈타인을 비롯하여 그 누구도 예상하지 못했을 것이다.

천문학자들은 정체불명의 이 에너지에 '암흑에너지'(dark energy)라는 멋진 이름을 붙였다. 이 이름은 아마도 그 이전에 이름이 붙어 있던 '암흑물질'(dark matter)과 연관되어 지어졌을 것이다. 암흑물질과 암흑에너지는 이름은 비슷하지만 성질은 정반대다. 암흑물질은 눈에는 보이지 않고 중력 작용으로만 존재를 알 수 있는 물질로 끌어당기는 힘이 작용하기 때문에 암흑에너지와는 반대로 우주의 팽창 속도를 늦추는 역할을 한다.

사실 우주의 역사는 암흑물질과 암흑에너지 사이의 세력 싸움의 역사라고 해도 과언이 아니다. 암흑물질은 우주 초기에 물질들을 끌어당겨 별과 은하가 생기는 데 중요한 역할을 했고, 우주 팽창의 속도를 늦추기도 했다. 암흑에너지는 빈 공간에서 나오는 에너지이기 때문에 우주의 크기가 작았던 초기에는 그 역할이 크지 않았다. 하지만 우주가 팽창하면서 빈 공간이 점점 커지게 되어 결국에는 암흑물질을 이기고 우주를 가속 팽창시키게 되었다.

실제로 우리 우주는 계속해서 가속 팽창을 하고 있는 것이 아니라 처음 약 70억 년 동안은 감속 팽창을 하다 그 후 약 70억 년 동안 가속 팽창을 하고 있다. 〈그림 I-3〉에서 그래프의 모양이 두 번 휘어져 있는 이유가 바로 그 때문이다. 암흑물질과 암흑에너지의 줄다리기는 최종적으로 암흑에너지의 승리로 끝났다. 우주는 영원히 가속 팽창을 할 것이고 암흑물질은 그것을 막을 힘이 없다.

〈그림 I-3〉을 보면 가속 팽창하는 우주는 열린 우주보다 더 빠른 속도로 팽창하기 때문에 바깥으로 휜 우주인 것으로 오해할 수 있다. 그런데 우리 우주는 가속 팽창하지만 기하학적으로는 편평한 우주다. 가속 팽창을 하긴 하지만 우주 전체의 물질-에너지 밀도는 임계 밀도와 정확하게 같다는 말이다. 두 팀이 밝혀낸 것은 우주 가속 팽창만이 아니었다. 우주의 물질-에너지 밀도가 어떻게 분포되어 있는지도 알아냈다. 두 팀의 연구 결과에 따르면 우주의 물질-에너지 밀도는 보통물질 4퍼센트, 암흑물질 24퍼센트, 암흑에너지 72퍼센트로 구성되어 있다. 그리고 세 가지를 합하면 우주 전체의 물질-에너지 밀도는 임계 밀도와 같아진다. 그래서 우리 우주는 기하학적으로 편평하면서도 암흑에너지 때문에 가속 팽창하는 우주가 되는 것이다. 예전의 교과서에는 편평한 우주는 Ω가 1이면서 서서히 팽창한다고 되어 있었다. 그런데 더 이상 Ω가 1인 편평한 우주라고 해서 반드시 서서히 팽창해야 할 필요는 없는 것이다.

상식적으로 이해하기 힘든 이 대단한 발견들은 멀리 있는 초신성 관측으로 이루어졌다. 초신성을 관측한 이유는 은하까지의 거리를 구하기 위해서였다. 우주의 가속 팽창을 발견하게 된 것은 결국 초신성을 거리 측정의 도구로 사용할 수 있었기 때문이다. 천문학의 역사에서 항상 중요한 역할을 담당해왔던 거리 측정의 도구가 다시 한 번 큰 발전의 중심 역할을 한 것이다.

별까지의 거리를 구하다

천문학의 발전 역사는 거리 측정 방법의 발전 역사라고 해도 과언이 아니다. 새로운 거리 측정 방법이 나올 때마다 천문학에서는 획기적 발전이 이루어져왔고 그에 따라 우주를 바라보는 우리의 관점도 변해왔다.

아리스토텔레스 이후 인류가 오랫동안 지구 중심의 세계관에서 벗어나지 못했던 중요한 이유의 하나는 지구 바깥 세계까지의 거리를 알지 못했기 때문이다. 아마도 많은 사람들이 2,000년 전에 살았던 사람들은 훨씬 더 원시적이고 단순한 사고를 했을 거라고 생각하겠지만 사실 많은 고대 문명은 놀라울 정도로 발달한 면이 있다.

달이 태양빛을 반사해서 빛나는 거대한 바위이며, 태양이 펠로폰네소스 반도보다 더 크다고 주장하다가 아테네에서 추방당한 그리스의 철학자 아낙사고라스는 아리스토텔레스보다 100년이나 앞선 시대를 살았던 사람이다. 그는 심지어 달이 지구에서 떨어져나가서 만들어졌다고 생각하기도 했는데 이것은 현재 달의 기원에 대한 가장 유력한 이론이다.

지구에서는 하늘에 있는 것이 모두 지구를 중심으로 회전하고 있는 것처럼 보이기 때문에 과거에는 모든 사람이 지구가 우주의 중심이라는 사실을 당연하게 받아들였을 것이라고 생각하기 쉬울 것이다. 하지만 지구가 우주의 중심이 아니라 태양의 주위를 도는 행성의 하나일 뿐이라고 최초로 주장한 아리스타르코스는 아리스토텔레스와 거의 동시대 사람이다. 게다가 아리스타르코스의 주장은 급진적이라는 이유로 무시당한 것이 아니라, 당시의 많은 자연철학자들에 의해 진지하게 검토되었다. 그의 주장이 상당히 과학적인 근거를 가지고 있었기 때문이다.

그는 달이 지구 그림자 속을 지나가는 월식을 관측하여 간단한 기하학으로 달까지의 거리를 지구 반지름의 약 60배로 측정했는데, 이것은 실제와 거의 일치하는 값이다. 그는 또 태양, 달, 지구 사이의 상대적인 위치를 이용하여 지구와 태양 사이의 거리를 지구와 달 사이의 거리의 약 20배로 측정했다. 태양과 달은 하늘에서 같은 크기로 보이기 때문에 태양까지의 거리가 달까지의 거리의 20배라면 태양이 달보다 20배나 크다는 이야기가 된다. 실제로 태양까지의 거리는 달까지의 거리의 약 400배이고 따라서 태양은 달보다 400배가 크다. 관측 기술의 한계로 태양의 크기를 20배나 작게 측정하긴 했지만 태양이 지구보다 훨씬 더 크고 무겁다는 결론을 얻는 데에는 아무런 문제가 없었다. 더 크고 무거운 것이 중심에 있을 것이라는 생각은 그러므로 충분히 합리적인 것이었다. 하지만 결국 그의 주장은 받아들여지지 않았다. 그 이유는 그의 주장이 합리적이지 않아서가 아니라 당시의 관측 결과와 맞지 않아서였다.

당시 사람들의 관점에서 태양을 중심에 놓고 지구가 태양의 주위를 1년에 한 바퀴씩 도는 모습을 생각해보자. 당시 사람들은 하늘에 있는 빛을 내는 물체들이 태양과 같은 별이며 지구와의 거리가 모두 다를 것이라고는 생각하지 못했다. 그들은 그 물체들은 지구로부터 일정한 거리에 고정되어 있는 천구에 붙어 있다고 생각했다. 천구를 일정한 거리에 고정되어 있는 구로 생각하면 지구가 태양 주위를 도는 동안 천구의 특정 지점과의 거리는 계속 변하게 된다. 그러므로 천구의 특정한 부분에 더 가까이 다가가면 그 부분에 있는 별들은 멀리 있을 때보다 더 옆으로 벌어지는 것처럼 보여야 한다.(그림 II-1a) 멀리 있을 때에는 하나로 보이던 자동차 전조등이 가까이 오면 분리되어 보이는 것과 같은 이치다. 이렇게 되면 별들 사이의 거리가 1년을 주기로

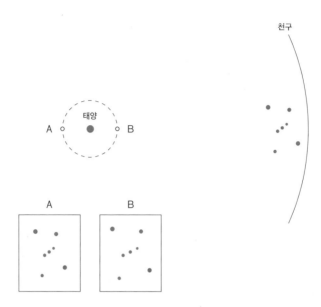

<그림 II-1a> 지구가 태양의 주위를 돌면서 천구의 특정한 부분으로부터 거리가 달라지면 별들 사이의 간격이 변해야 한다.

계속 변해야 한다. 그런데 당시의 그리스인들은 그런 변화를 관측할 수 없었다. 그것이 관측되지 않는 이유는 두 경우밖에 없다는 사실을 그들은 잘 알고 있었다. 지구가 우주

의 중심이거나, 아니면 별들이 너무 멀리 있어서 그 변화를 눈으로 알아차릴 수 없거나. 당시의 그리스인들에게는 별들이 그 정도로 멀리 있다는 것은 있을 수 없는 일이었다. 그래서 그들은 지구가 우주의 중심이라는 결론에 이를 수밖에 없었던 것이다.

그런데 여기에 적용된 기본적인 생각은 별들이 모두 하나의 구에 붙어 있을 때뿐만 아니라 서로 다른 거리에 있을 때에도 똑같이 적용된다. 팔을 뻗어서 양쪽 눈을 번갈아 감으면서 손가락을 보면 손가락이 멀리 있는 배경에 대해서 움직이는 것처럼 보인다. 이와 같은 현상으로 지구가 태양을 중심으로 돈다면 가까이 있는 별은 지구가 태양을 중심으로 반대 위치에 있을 때 멀리 있는 별에 대해서 움직이는 것처럼 보여야 한다.(그림 II-1b) 이 현상을 '시차'(parallax)라고 한다.

그런데 실제 별들은 옛날 사람들은 상상하기도 어려울 정도로 멀리 있기 때문에 시차도 맨눈으로는 도저히 측정할 수 없을 정도로 작다. 맨눈으로는 천체를 가장 정확하게 관측한 것으로 인정받는 16세기 덴마크의 천문학자 튀코 브라헤(Tycho Brahe)는 1분 각의 정확도로 천체의 위치를 측정할 수 있었다고 한다. 그런데 가장 가까이 있어서 시차가 가장 큰 별인 프록시마 센타우리(Proxima Centauri)의 시차도 0.772

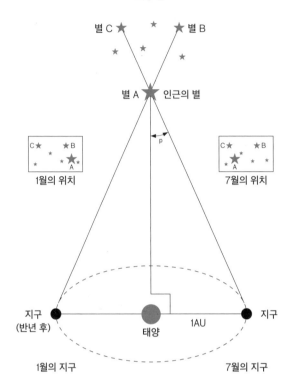

<그림 II-1b> 별까지의 거리가 모두 다르다면 가까이 있는 별이 멀리 있는 별에 대해서 상대적으로 움직이는 것처럼 보여야 한다.

초밖에 되지 않기 때문에 그보다 78배나 큰 1분 각으로는 절대 시차를 측정할 수 없었다. 튀코 브라헤는 지동설을 주장한 코페르니쿠스보다 후대 사람이었지만 별의 시차를 측정하지 못했기 때문에 지동설을 받아들이지 않았다.

시차는 지동설의 증거도 되지만 별까지의 거리를 가장 정확하게 측정할 수 있는 방법이기도 하다. 따라서 시차의 측정은 천문학에서 매우 중요한 의미가 있는 것이었다. 〈그림 II-1b〉에서 각도 p를 측정하면 별까지의 거리를 쉽게 구할 수 있다. 여기서 각도 p를 연주시차라고 하고 천문학에서 거리 측정의 단위로 사용된다. 연주시차가 1초인 곳까지의 거리를 1'파섹'(parsec, pc로 표기한다)이라고 하고 광년으로는 약 3.26광년이 된다. 거리가 멀수록 연주시차는 작아지므로 연주시차가 0.1초면 거리는 10파섹이 된다.

지구가 태양 주위를 돌고 있다는 사실이 명확해지고 망원경이 발명된 이후에도 별의 시차를 측정하는 것은 만만한 일이 아니었다. 처음으로 별의 시차가 관측된 것은 망원경이 발명된 지 200년도 더 지난 1838년의 일이었다. 독일의 천문학자 프리드리히 베셀(Friedrich Wilhelm Bessel)은 1837년부터 1838년까지 98일간의 관측 자료를 근거로 백조자리 61(61 Cygni)의 연주시차를 0.314초로 측정하여 이 별까지의 거리를 3파섹으로 결정했다.(현대에 측정된 연주시차는 0.286초이고 거리는 3.5파섹이다.) 두 달 후에는 스코틀랜드의 천문학자 토마스 헨더슨(Thomas Henderson)이, 그 얼마 후에는 독일 출신의 러시아 천문학자 프리드리히 스트루베(Friedrich Georg Wilhelm Struve)가 각각 독자적으로 측정한 별들의 시차를 발표했다.(R01)

이후 100여 년 동안 별의 시차를 측정하려는 천문학자들의 많은 노력이 있었다. 1952년의 예일 시차 목록(Yale Parallax Catalog)에는 5,822개 별의 시차가 기록되어 있다. 하지만 지상에서의 관측으로 별의 시차를 구하는 것은 지구 대기의 요동 때문에 한계가 있을 수밖에 없다. 그리고 1950년대에는 이미 거의 한계에 이르게 되었다. 지상에서 사진 관측으로 관측 가능한 시차의 한계는 0.02초 정도로, 거리로는 50파섹(163광년) 정도이다. 이것은 우리 은하 지름의 0.2퍼센트도 되지 않는 좁은 범위에 불과하다. 우리 은하에 있는 수천억 개의 별 중에서 50파섹 이내의 별은 약 10만 개에 지나지 않고 그 별들도 너무 어두워서 시차를 관측하기 불가능한 것이 대부분이다. 더 멀리 있는 별까지의 시차를 측정하려면 지구 대기의 영향을 받지 않는 우주로 나가는 방법밖에 없다.

1989년 유럽 우주국(European Space Agency, ESA)은 별들의 위치와 시차를 측정할 목적으로 히파르코스(Hipparcos, High Precision Parallax Collecting Satellite) 위성을 발사했다. 히파르코스는 기원전

2세기경 약 850개 별의 위치와 밝기 목록을 만든 그리스의 천문학자 히파르코스(Hipparchos)의 이름을 딴 것이다. 히파르코스 위성은 4년 동안 활동하면서 0.001초의 정확도로 12만여 개 별의 시차를 측정했다. 이 자료는 우주 거리 측정의 정확도를 높이는 데 중요한 기본 자료로 사용되고 있다. 하지만 아무리 우주에서 관측한다고 하더라도 역시 시차를 이용한 별의 거리 측정은 우주의 크기에 비하면 극히 좁은 영역으로 제한될 수밖에 없다. 더 먼 우주까지의 거리를 측정하기 위해서는 다른 방법이 필요하다.

표준 광원

우리는 맨눈으로도 밤하늘의 많은 별을 볼 수 있다. 그중에는 아주 밝게 빛나는 것도 있고 눈에 겨우 보이는 어두운 별도 있다. 이렇게 눈에 보이는 별의 밝기를 겉보기 밝기라고 한다. 하지만 겉보기 밝기가 밝다고 해서 그 별이 원래 다른 별보다 밝다고 할 수는 없다. 어두운 별도 지구에서 가까우면 밝게 보이고 밝은 별도 멀리 있으면 어둡게 보이기 때문이다. 별의 실제 밝기를 비교 관찰하기 위해서는 모든 별을 같은 거리에 놓아야 한다. 그래서 천문학자들은 별이 우리에게서 10파섹(연주시차 0.1초) 거리에 있을 때의 밝기를 절대 밝기로 정의했다.

대부분의 별은 10파섹보다 멀리 있기 때문에 겉보기 밝기는 절대 밝기보다 더 어둡다. 어떤 별의 겉보기 밝기와 절대 밝기의 차이가 크지 않다면 그 별은 가까이 있는 별이고, 차이가 크다면 멀리 있는 별이다. 겉보기 밝기와 절대 밝기의 차이는 곧바로 거리를 알려주는 값이기 때문에 이 값을 '거리 지수'라고 부른다. 겉보기 밝기는 현재 우리가 보는 밝기이므로 쉽게 구할 수 있다. 그렇기 때문에 절대 밝기만 구할 수 있다면 그 별까지의 거리는 금방 알 수 있다. 그러므로 별까지의 거리를 구한다는 것은 결국 그 별의 절대 밝기를 알아낸다는 것과 같은 말이 된다. 그런데 문제는 별들의 절대 밝기를 알아낼 수 있는 보편적인 방법이 없다는 것이다. 이것이 별까지의 거리를 구하기 어려운 이유다. 하지만 다행히도 많은 종류의 별 중에는 특정한 성질만 알면 절대 밝기를 알아낼 수 있는 별들이 있다. 천문학에서는 이 별들을 우주의 거리를 측정하는 데 사용하는 '표준 광원'(standard candle)이라고 부른다.

지금으로부터 불과 100년 전까지만 하더라도 우주에 대한 인류의 지식은 우리 은하를 벗어나지 못했다. 1920년대 초반에도 많은 사람들은 우리 은하가 우주의 전부라고 생각했다. 그런데 당시에 찍은 천체 사진에는 나선 모양으로 생긴 작은 성운이 가끔씩 나타났는데 이 성운의 정체가 문제가 되었다. 천문학자들 중에는 이 나선 모양의 성운을 우리 은하와 같이 많은 별로 이루어진 '섬 우주'라고 주장하는 사람들이 있었다.

결국 1920년 4월 26일, 워싱턴에서 많은 과학자들이 모인 가운데 하버드 대학의 천문학자 할로 섀플리(Harlow Shapley)와 릭 천문대의 천문학자 히버 커티스(Heber Curtis)는 '우주의 크기'라는 주제로 일대 토론을 벌였다. 섀플리는 우리 은하의 크기가 약 30만 광년이며 태양계는 우리 은하의 가장자리에 있다고 주장했다. 그리고 희미하게 보이는 나선 성운들은 우리 은하 내부에 있는 천체라고 했다. 반면 커티스는 우리 은하의 크기는 섀플리가 주장한 것보다 10배나 작으며, 태양은 우리 은하의 중심부에 있고, 나선 성운들은 우리 은하 바깥에 있는데 우리 은하와 같이 많은 별들로 이루어져 있다고 주장했다. 결과적으로 태양계의 위치는 섀플리의 주장이, 나선 성운들이 외부 은하라는 것은 커티스의 주장이 옳았으므로 이 논쟁은 무승부였다고 볼 수 있다.

당대의 가장 뛰어난 천문학자였던 섀플리가 나선 성운들이 우리 은하 내부에 있다고 주장한 데에는 그럴 만한 충분한 이유가 있었다. 윌슨 산 천문대(Mount Wilson Observatory)에는 섀플리의 동료이자 친구인 아드리안 판 마넨(Adriaen van Maanen)이라는 천문학자가 있었다. 그는 10년에서 20년 간격으로 나선 성운들을 찍은 건판을 비교하여, 그중 많은 것에서 회전의 증거를 발견했다고 주장했다. 그 성운들이 우리 은하 외부에 있는 별들의 집단이라면 그가 발견했다는 회전의 속도는 빛보다 빨라야 한다. 그러므로 그가 발견한 회전의 증거가 사실이라면 그 성운들은 우리 은하 외부에 있는 별들의 집단일 수가 없다.

실제 은하의 회전은 수천만 년에 한 번씩 이루어지기 때문에 인간의 수명 내에 발견할 수 없는 것이었다. 아마도 그가 미처 알아차리지 못한 오류가 있었거나, 아니면 그저 믿고 싶은 것을 본 것으로 여겨진다. 섀플리는 이 잘못된 관측에 근거를 두고 나선 성운들이 우리 은하 내부에 있다고 주장했던 것이다. 나중에 이 관측의 오류를 알고 몹시 화가 난 섀플리는 이렇게 말했다. "나는 판 마넨의 결과를 믿었다…… 어쨌든 그는 내 친구니까!"(R02)

이 논쟁은 나선 성운들까지의 거리를 구할 수 없었기 때문에 벌어졌다. 그러므로 나선 성운들의 거리만 알아내면 간단하게 해결되는 문제였다. 나선 성운들의 거리를 측정하여 이 논쟁을 끝낼 수 있었던 것은 청각 장애인 여성 천문학자가 발견한 표준 광원 덕분이었다.

헨리에타 레빗(Henrietta Swan Leavitt)은 1890년대 초반, 당시로는 거의 유일한 여성 교육기관이었던 래드클리프 대학(Radcliffe College)을 다니면서 천문학에 관심을 가졌으나 병 때문에 공부를 계속하지 못했다. 이 병으로 레빗은 심각한 청각 장애를 갖게 되었다. 이후 하버드 대학 천문대에서 3년간 무보수 '컴퓨터'로 일했다. 당시의 '컴퓨터'라는 말에는 지금과 같은 전자계산기의 의미가 전혀 들어 있지 않았다. 그것은 계산하는 직업을 가진 사람들을 일컫는 말로, 하버드 대학에서는 뒷방에서 계산만 하다가 노처녀로 늙어가는 여자들을 놀리는 말이었다. 훗날 태양이 수소와 헬륨으로 이루어져 있다는 사실을 처음으로 밝혀낸 뛰어난 여성 천문학자인 세실리아 페인(Ceilia Payne)이 활동하던 1920년대에도 하버드에는 '컴퓨터'들이 있었으므로 이런 상황은 상당히 오래 지속된 것으로 보인다.

'컴퓨터'들의 과학적 능력은 별들의 스펙트럼을 분석하거나 자료 목록을 만드느라 너무 바빠서 사장되고 마는 경우가 많았지만 그 와중에도 뛰어난 실력을 발휘하여 천문학 발전에 큰 기여를 한 사람들이 있었다. 특히 현재 별의 성질을 이해하는 데 없어서는 안 되는 별의 스펙트럼 분류는 뛰어난 '컴퓨터'들이 이루어낸 대단한 업적이다.

하버드에 '컴퓨터'들을 고용하기 시작한 사람은 새플리의 전임자로 하버드 대학 천문대 대장을 지낸 에드워드 피커링(Edward Pickering)이라는 천문학자였다. 그는 별들의 스펙트럼을 측정한 방대한 자료를 분석하기 위해 이들이 필요했다.

프리즘으로 태양빛을 분해하면 붉은색부터 보라색까지

연속적인 스펙트럼이 나타난다. 하지만 좀 더 정밀한 분광기로 분해해서 보면 연속적인 스펙트럼 사이사이에 상당히 많은 검은 선이 보인다. 이것은 태양의 대기에 있는 원소들이 태양에서 나오는 빛 중에서 특정한 파장의 빛을 흡수하기 때문에 나타나는 것으로, 이를 흡수선이라고 부른다. 1814년 태양의 스펙트럼에서 수많은 흡수선을 발견한 이는 독일의 광학자 프라운호퍼(Joseph von Fraunhofer)로, 이 흡수선을 '프라운호퍼 선'이라고 부른다.

프라운호퍼는 열두 살에 고아가 되어 뮌헨에서 유리 가공업자의 도제로 일했다. 그의 주인은 그를 매우 험하게 다루었고 책을 읽거나 학교에 가는 것을 허락하지 않았다. 그런데 1801년 어느 날, 프라운호퍼가 일하던 작업장이 무너져 그는 몇 시간 동안 잔해에 묻혀 있었다. 이 사건은 프라운호퍼에게 전화위복이 되었다. 당시 구조 현장에 있던 바이에른의 왕자가 그의 후원자가 된 것이다. 왕자의 도움으로 유리 제조 공장에 들어간 프라운호퍼는 곧 세계 최고 수준의 유리 제조 기술자가 되었다.

그는 유리에 다이아몬드로 홈을 내어 당시로서는 가장 정밀한 분광기를 만들어냈다. 이 분광기를 이용하여 그는 태양의 스펙트럼에서 수많은 검은 흡수선을 관측했다. 그는 이 흡수선들이 실험실의 불꽃에서 관측되는 스펙트럼과 형태가 유사하다는 사실도 깨달았다. 그는 심지어 시리우스나 카펠라와 같은 밝은 별들의 스펙트럼까지 관측하여 스펙트럼선들의 유사점과 차이점을 구별하기도 했다. 그에게 조금 더 시간이 있었다면 별 스펙트럼의 비밀이 훨씬 더 일찍 밝혀졌을지도 모른다. 하지만 그는 39세의 나이에 폐결핵으로 사망했다. 아마도 유리 공장에서 발생한 유해 가스를 마신 것이 원인이었던 것으로 보인다.(R03)

프라운호퍼의 관측 이후 많은 천문학자들이 태양뿐만 아니라 다른 별들에서도 여러 종류의 스펙트럼선을 관측했고, 스펙트럼선의 모양에 따른 분류를 시도하기도 했다. 하지만 사진이 발명되기 전까지는 눈으로만 관측이 이루어졌기 때문에 체계적인 연구가 이루어지기는 어려웠다.

별의 스펙트럼 사진을 처음으로 얻은 사람은 의사이자 나중에 뉴욕 대학교 의대 학장까지 지낸 아마추어 천문학자 헨리 드레이퍼(Henry Draper)다. 그는 1872년에 직접 만든 70센티미터 반사망원경으로 베가(Vega, 직녀성)의 스펙트럼을 촬영했고, 1882년까지 50개 별에 대한 스펙트럼 사진을 얻었다. 이 해에 그는 뉴욕 대학교 교수직까지 사임하고 본격적으로 별의 스펙트럼을 관측하고 분류하는 연구를 하려고 했지만 갑작스러운 폐질환으로 45세의 나이로 사망하고 말았다. 1886년, 그의 부인은 그가 하던 일을 계속할 수 있도록 그가 쓰던 기구들과 함께 장학금을 하버드 대학 천문대에 기부하여 헨리 드레이퍼 기념 재단을 만들었다. 이미 별의 스펙트럼 관측을 하고 있던, 당시 하버드 대학 천문대 대장인 피커링에게는 무척이나 반가운 일이었다. 그는 1890년까지 1만 개가 넘는 별의 스펙트럼을 관측하여 '드레이퍼 별 스펙트럼 목록'(Draper Catalogue of Stellar Spectra)을 만들었다.(R04)

그렇게 모은 많은 스펙트럼 자료를 분석하기 위해 피커링은 일련의 여성들을 자신의 '컴퓨터'로 고용했다. 그중 한 명이 처음에는 피커링의 가정부로 고용되었다가 나중에 스펙트럼을 분석하는 일을 하게 된 윌리어미나 플레밍(Williamina Fleming)이다. 플레밍은 별들의 스펙트럼을 모양에 따라 알파벳 A부터 O까지 분류했다. 이 중에서 J는 I와 잘 구별되지 않는다는 이유로 사용하지 않았다. 그리고 행성상 성운을 P로, 특별히 분류가 되지 않는 별들을 Q로 분류했다.

드레이퍼 목록의 별에 대한 통계를 조사하던 피커링과 플레밍은 전체 별 중 99.3퍼센트가 A, B, F, G, K, M의 여섯 종류의 분광형에 포함된다는 사실을 발견했다. 그리고 사진 건판의 해상도와 성능이 좋아지면서 잘못된 분류가 드러나기도 했다. 두 개의 수소선을 가진 별로 분류되었던 C형은 더 좋은 자료에서는 두 개의 선이 나타나지 않았기 때문에 제외되었다. H와 I형 별들은 K형과 거의 비슷했기 때문에 K형에 포함되었고, E형도 G형에 포함되었다. 하지만 검게 나타나는 흡수선과 밝게 나타나는 방출선을 함께 보이는 O형은 미스터리였다. 피커링은 처음에는 O형을 행성상 성운 P형과 함께 분류했다. 둘 다 방출선을 보였기 때문이다. 하지만 피커링이 또 한 명의 여성 천문학자를 고용한 후 O형은 부활했다.

애니 캐넌(Annie Jump Cannon)은 래드클리프 대학을 졸업하고 1896년에 하버드 천문대에 고용되었다. 캐넌은 마침 새로운 스펙트럼 자료를 분석할 수 있는 기회를 얻게 되었다. 하버드 대학 천문대에서 관측할 수 있는 별에 대한 스펙트럼을 모두 얻은 피커링은 망원경과 장비들을 남아메리카와 남아프리카로 보내 남반구 하늘을 관측하기 시작했다. 1890년의 드레이퍼 목록에는 O형 별이 단 한 개뿐이었고, 그 이후에도 겨우 세 개가 추가되었을 뿐이었는데 캐넌은 남반구 하늘에서 몇 개를 더 찾아냈다.

캐넌은 당시로는 가장 성능이 좋은 사진 건판을 이용할 수 있었기 때문에 플레밍은 볼 수 없었던 스펙트럼선들을 분석할 수 있었다. 그리고 남반구 하늘에는 스펙트럼을 얻

<그림 II-2> 1913년 5월 9일에 촬영한 피커링과 하버드의 '컴퓨터'들. 피커링의 오른쪽 두 번째가 애니 캐넌이다.

을 수 있는 밝은 별들이 더 많이 있었다. 1901년, 캐넌은 자신이 분석한 별들의 스펙트럼 목록을 발표했다. 캐넌은 별들의 스펙트럼을 O, B, A, F, G, K, M 순서로 배열했다. 그리고 1922년, 처음으로 열린 국제천문연맹(International Astronomical Union, IAU)은 캐넌의 스펙트럼 분류 시스템을 공식적으로 채택했다. 이후 약간의 변화는 있었지만 캐넌의 시스템은 지

금까지도 별들의 분광형을 분류하는 데 널리 이용되고 있다.(R04)

하버드의 '컴퓨터' 헨리에타 레빗이 한 일은 피커링과 함께 밝기가 변하는 별인 변광성을 찾아내는 것이었다. 레빗은 곧 뛰어난 능력을 발휘하여 이 분야의 전문가가 되었다. 하지만 3년을 일한 뒤에 유럽으로 떠났다가 1902년에 피커링에게 다시 연락을 했다. 레빗의 뛰어난 능력을 알고 있던 피커링은 즉시 평균보다 높은 월급을 제시하며 그녀를 받아들였다. 그것은 아마도 천문학자 피커링이 했던 가장 현명한 결정이었을 것이다. 그동안 그가 '컴퓨터'들의 도움을 받았던 경험이 그 결정에 중요한 역할을 했을 것이다.

태양 같은 별은 적어도 우리가 살아가는 동안은 언제나 거의 일정한 세기의 빛을 낸다. 우리에게는 무척 다행한 일이다. 하지만 별 중에는 밝기가 변하는 것도 있다. 이런 별을 '변광성'(variable star)이라고 부른다. 변광성 중에는 초신성처럼 한 번 밝아졌다가 어두워져 완전히 사라지는 별도 있고, 주기적으로 밝아졌다 어두워지는 것을 반복하는 별도 있다.

최초의 주기적인 변광성인 미라(Mira)는 1596년 독일의 신학자이자 천문학자인 다비트 파브리시우스(David Fabricius)에 의해 발견되었다. 미라의 변광 주기는 332일이나 되기 때문에 그는 처음에는 또 하나의 신성을 발견한 것으로 생각했다. 당시로는 어두워졌다가 다시 밝아지는 별이란 존재하지 않았기 때문이다. 하지만 1609년 이 별이 다시 밝아진 것을 발견한 그는 자신이 새로운 종류의 별인 변광성을 발견했다는 사실을 깨달았다. 1836년까지 발견된 변광성의 수는 26개에 불과했으나 이후 사진 건판이 사용되면서 그 수는 급격히 늘어났다. 헨리에타 레빗이 피커링과 함께 변광성을 찾기 시작한 1890년대에는 수백 개의 변광성이 발견되어 있었다.(R01, 177~178쪽)

1908년 레빗은 「마젤란 성운들에 있는 1777개의 변광성들(1777 Variables in the Magellanic Clouds)」이라는 제목의 논문을 발표했다. 레빗은 이 변광성들의 최대 밝기와 최소 밝기의 기록을 제시했는데 그중에서도 소마젤란 성운에서 발견된 16개의 변광성들에 대해서는 변광 주기까지 밝혔다.(R05) 당시에는 아직 이름이 붙지 않았지만 이 변광성들이 바로 세페이드 변광성들이다. 레빗은 논문에 이렇게 썼다. "표 6에 있는 변광성들 중 더 밝은 별들이 더 긴 주기를 가진다는 사실은 관심을 가질 필요가 있다."(그림 II-3) 이것은 세페이드 변광성의 주기-광도 관계를 처음으로 제시한 것으로 천문학 역사에서 가장 중요한 문장 중 하나라고 할 수 있을 것이다.

세페이드 변광성은 별의 진화 단계 중 거성이나 초거성

Harvard No.	Max.	Min.	Range.	Epoch.	Period.	Min. to Max.	Average Dev.	Earliest Observation.	No. Periods.	No. Plates.
					d.	d.				
818	13.6	14.7	1.1	4.0	10.336	1.7	.12	1890	566	44
821	11.2	12.1	0.9	97.	127.	49.	.06	1890	45	89
823	12.2	14.1	1.9	2.9	31.94	3.	.13	1890	184	56
824	11.4	12.8	1.4	4.	65.8	7.	.12	1889	94	83
827	13.4	14.3	0.9	11.6	13.47	6.	.11	1890	448	60
842	14.6	16.1	1.5	2.61	4.2897	0.6	.06	1896	843	26
1374	13.9	15.2	1.3	6.0	8.397	2.	.10	1893	574	42
1400	14.1	14.8	0.7	4.0	6.650	1.	.11	1893	724	42
1425	14.3	15.3	1.0	2.8	4.547	0.8	.09	1893	1042	33
1436	14.8	16.4	1.6	0.02	1.6637	0.3	.10	1893	2859	22
1446	14.8	16.4	1.6	1.38	1.7620	0.3	.09	1896	2052	21
1505	14.8	16.1	1.3	0.02	1.25336	0.2	.10	1896	2335	25
1506	15.1	16.3	1.2	1.08	1.87502	0.3	.09	1896	1560	23
1646	14.4	15.4	1.0	4.30	5.311	0.7	.06	1896	681	24
1649	14.3	15.2	0.9	5.05	5.323	0.7	.10	1893	894	32
1742	14.3	15.5	1.2	0.95	4.9866	0.7	.07	1893	954	28

<그림 II-3> 레빗의 1908년 논문에서 16개 세페이드 변광성의 밝기와 주기를 정리한 표 6. 세페이드 변광성의 주기-광도 관계를 처음으로 보여주는 것이다. 표의 두 번째와 세 번째 칼럼에는 가장 밝을 때와 가장 어두울 때의 밝기, 그리고 여섯 번째 칼럼에는 변광 주기가 나와 있다. 가장 밝은 별(821번)의 주기가 가장 길고 가장 어두운 별(1505번)의 주기가 가장 짧은 것을 알 수 있다.(R05)

단계에 있는 별로, 별의 내부 구조가 불안정하여 수축과 팽창을 되풀이하는데 이 때문에 표면 온도와 반지름이 변하면서 광도가 변하는 별이다. 별이 팽창하면 표면 온도는 내려가지만 크기가 더 커지기 때문에 더 밝아지고, 수축하면 표면 온도는 올라가지만 크기가 작아지기 때문에 더 어두

워진다. 표면 온도가 달라지기 때문에 사실 세페이드 변광성은 밝기만 변하는 것이 아니라 색깔도 함께 변한다. 레빗은 밝기가 밝은 변광성일수록 광도가 변하는 주기가 길다는 사실을 알아냈는데, 밝기가 밝은 별은 더 크기 때문에 수축과 팽창을 하는 속도가 느리므로 주기가 길어지는 것이다.

4년 후인 1912년, 세페이드 변광성의 주기-광도 관계를 분명하게 밝힌 「소마젤란 성운 내 25개 변광성들의 주기 (Periods of 25 Variable Stars in the Small Magellanic Cloud)」라는 제목의 논문이 에드워드 피커링의 이름으로 발표되었다.(R06) 물론 그 내용은 모두 레빗이 작성한 것이고 논문은 "아래의 내용은 레빗 양(Miss Leavitt)에 의해 준비된 것이다"라는 문장으로 시작된다. 이 논문은 1908년에 발표된 16개와 그 이후 발견된 9개의 "천천히 어두워졌다가 가장 어두운 상태에서 오래 머문 후 짧은 기간의 최대 밝기까지 빠르게 밝아지는, 구상성단에서 발견되는 변광성들과 닮은" 변광성들을 다루고 있다. 이 별들은 "밝은 변광성들은 더 긴 주기를 가지는" 명확한 주기-광도 관계를 보이고 있었다.(그림 II-4)

1912년 당시에는 아무도 소마젤란은하까지의 거리를 몰랐지만 그 거리가 매우 멀기 때문에 그 안에서의 거리 차이는 지구에서의 거리에 비하면 무시할 정도로 작다는 것은

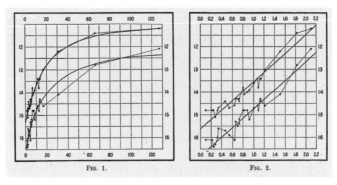

<그림 II-4> 1912년에 발표된 논문에서 세페이드 변광성의 주기-광도 관계를 정리한 표. x축은 주기, y축은 등급이며, 위쪽 그래프는 변광성이 가장 밝을 때, 아래쪽은 가장 어두울 때이다. 주기가 길수록 밝기가 더 밝은 관계를 분명하게 볼 수 있다. 오른쪽 그림은 x축을 로그를 취한 값으로 그린 것이다. 등급은 밝기의 로그값에 해당되기 때문에 오른쪽 그래프가 더 정확한 그림이며 지금도 사용되고 있다.(R05)

확실했다. 그러므로 변광성들의 주기가 실제 밝기와 연관되어 있다는 것은 분명했다. 이제 변광성의 주기만 구하면 실제 밝기를 알 수 있게 되었기 때문에, 이 관계를 다른 은하에 있는 변광성들에 적용해 그 은하까지의 거리를 구할 수 있게 된 것이다. 예를 들어 주기가 같은 두 세페이드 변광성이 있다면, 이 두 별의 실제 밝기는 같다는 의미가 된다. 그러므로 두 별 중 더 어두운 별은 더 멀리 있다는 뜻이다. 별의 밝기는 거리의 제곱에 반비례하기 때문에 겉보기

<그림 Ⅱ-5> 세페이드 변광성을 표준 광원으로 처음 사용한 헨리에타 레빗.(RO5)

밝기가 100배(5등급) 더 어둡다면 10배 더 멀리 있는 것이다. 우주의 거리를 측정할 수 있는 새로운 표준 광원이 탄생한 것이다. 이후 이어진 우주에 대한 인류의 놀라운 발견들은 대부분 이 새로운 표준 광원 덕분에 이루어진 것이다. 레빗 은 1921년 53세에 암으로 사망하는 바람에 허블이 자신의 발견을 이용하여 우주를 보는 관점을 바꾸는 과정을 보지 못했다.(컬러 삽화 1, 7쪽)

••• - - - -

커지는 우주

에드윈 허블은 어린 시절 학교 성적이 우수했지만 그보다는 뛰어난 운동 실력으로 더 유명했다. 야구, 미식축구, 농구, 육상에서 맹활약을 했는데, 1906년 고등학교 육상대회에서 7종목을 우승하고, 높이뛰기에서는 일리노이 주 고등학교 최고 기록을 세웠다. 농구는 센터에서 슈팅가드까지 모든 위치에서 뛰었고, 1907년에 입학한 시카고 대학 농구팀을 처음으로 지구 우승으로 이끌기도 했다. 취미로 시작한 권투 실력은 프로 전향을 권유받을 정도였다.

과학 전공으로 시카고 대학을 졸업한 허블은 로즈 장학생(Rhodes' scholarship)으로 선발되어 영국 옥스퍼드 대학에서 아버지의 유언을 따라 법학을 공부했다. 이후 문학과 스페인어로도 석사학위를 받았다. 세실 로즈(Cecil J. Rhodes)라는 사업가의 기부로 시작된 로즈 장학금은 미국의 명문대학들이 그해에 로즈 장학생을 몇 명 배출했는지 경쟁할 정도로 권

<그림 II-6> 에드윈 허블과 윌슨 산 천문대의 후커 망원경. © Caltech

위 있는 장학금이었다.

하지만 변호사가 될 생각이 없었던 허블은 미국으로 돌아와 고등학교에서 물리학과 수학, 스페인어를 가르쳤다. 그러다가 스물다섯 살에 천문학자가 되기 위해서 시카고 대학 대학원에 입학하여 1917년에 박사학위를 받았다. 그리고 제1차 세계대전에 참전한 후 1919년에 캘리포니아에 있는 윌슨 산 천문대에 들어갔다. 윌슨 산 천문대에 당시 세계 최대 크기였던 직경 2.5미터의 후커(Hooker) 망원경이 있었던 것은 허블에게는 큰 행운이었다.

허블이 안드로메다성운에서 첫 번째 세페이드 변광성을 발견한 것은 섀플리와 커티스의 논쟁이 있은 지 3년이 지난 1923년이었다. 이것으로 안드로메다성운까지의 거리를 구할 수 있을 거라고 생각한 허블은 많은 시간을 투자하여 안드로메다성운과 그 바로 옆에 있는 M33 성운을 관측하는 등 충분한 수의 세페이드 변광성을 발견하여 주기를 구하고, 주기-광도 관계를 이용하여 거리를 구했다. 허블이 구한 안드로메다성운까지의 거리는 약 93만 광년이었다. 실제로 안드로메다성운까지의 거리는 약 230만 광년이다. 뒤에서 다시 살펴보겠지만 허블이 이용한 세페이드 변광성의 주기-광도 관계가 잘못되었기 때문에 이처럼 잘못된 값을 얻은 것이다.

하지만 당시 우리 은하의 크기는 최대 30만 광년 정도로 알려져 있었으므로 안드로메다성운이 우리 은하 외부에 있는 다른 은하인 것은 분명히 확인할 수 있었다. 그때까지 알고 있던 우주의 모습이 하루아침에 달라진 것이다. 우리 은하는 더 이상 우주의 전부가 아니라 수많은 은하들 중 하나일 뿐이었다. 그리고 안드로메다성운은 이제 안드로메다 은하라고 불려야 했다. 이 결과는 1924년 12월 23일자 《뉴욕 타임스》에 보도되었고 허블은 일약 유명 인사가 되었다. 이것만으로도 허블은 역사에 이름을 남길 만했다. 하지만

그는 이보다 훨씬 더 위대한 두 번째 발견을 준비하고 있었다.(컬러 삽화 2, 8쪽)

안드로메다은하까지의 거리를 측정하는 데 성공한 허블은 오랜 동료인 밀턴 휴메이슨(Milton Humason)과 함께 다른 은하들의 거리를 측정하기 위해 세페이드 변광성을 찾기 시작했다. 휴메이슨은 특이한 경력을 가진 천문학자였다. 고등학교를 중퇴한 그는 산을 좋아해서 윌슨 산에 새로운 천문대를 건설하기 위한 물건들을 운반하는 운전기사로 취직했다. 이후 그는 관리인이 되어 천문대에 계속 머물렀고, 금세 관측기술을 배워 야간 조수가 되었다. 그런데 당시 윌슨 산 천문대의 대장이던 조지 헤일(George Ellery Hale)이 그의 재능을 알아보고 많은 직원들의 반대에도 불구하고 그를 천문대 직원으로 채용했다. 휴메이슨과 함께 일한 허블은 그의 뛰어난 관측 실력에 큰 도움을 받았다. 허블을 유명하게 만든 대부분의 관측은 고등학교 졸업장도 없는 관측 천문학자의 세심한 노력의 결과였다.

애리조나 대학의 천문학과 교수 크리스 임피(Chris Impey)는 허블과 휴메이슨이 일했던 건판 보관소를 방문한 경험을 이렇게 이야기하고 있다.

우리는 1930년대와 1940년대의 건판 자료들을 조사했다.

건판은 수 밀리미터 두께에 음반 커버 정도의 크기였다. 사서가 재미있는 은하들을 지적해주었다. 투명한 건판에 은하들과 별들이 검은색으로 흩어져 있었다. 어떤 건판은 상이 길쭉하거나 뿌옇거나 별로 완벽해 보이지 않았다. "그것들은 허블의 작품이죠." 안내원이 묘한 미소를 띠며 말했다. "그는 휴메이슨이 망원경을 다룰 때 가장 좋은 결과를 냈어요."(R02, 202쪽)

휴메이슨의 관측 실력을 활용하지 못해 가장 크게 피해를 본 사람은 바로 허블보다 앞서 윌슨 산 천문대에서 일했던 섀플리였다. 안드로메다은하가 외부 은하라는 허블의 결과는 섀플리에게 큰 타격을 주었다. 허블이 안드로메다은하까지의 거리에 대해 그에게 편지를 보냈을 때, 섀플리는 그 편지를 흔들며 말했다. "이 편지가 나의 우주를 부숴버렸어!" 가장 큰 아이러니는 그가 그 발견을 2년 먼저 할 수도 있었다는 것이다. 그는 몇 개의 건판을 윌슨 산 천문대에서 조수로 일하던 휴메이슨에게 주고 성운들의 회전에 대해 조사하도록 했다. 휴메이슨은 회전은 찾지 못했지만, 대신 세페이드 변광성으로 생각되는 별들을 발견하여 건판 뒷면에 펜으로 표시했다. 섀플리는 그것이 세페이드 변광성일 리가 없다고 생각했다. 나선형 성운들을 우리 은하 내에 있는 기체 구름이라고 생각했지 별의 집단일 리가 없다고 믿었기 때문이다. 그래서 그는 그 표시를 손수건으로 지워버렸다.(R02, 169쪽)

허블과 휴메이슨이 선택한 은하들은 도플러 이동을 통해 적색편이가 구해진 은하들이었다. 천문학자들은 도플러 이동을 잘 알고 있었기 때문에 오래전부터 별의 움직임을 연구하는 데 도플러 이동을 이용해왔다. 1912년, 비스토 슬리퍼(Vesto Slipher)라는 로웰 천문대(Lowell Observatory)의 젊은 연구원이 나선 성운들의 스펙트럼을 구하기 시작했다. 그는 안드로메다성운의 빛이 청색편이를 일으킨다는 사실을 발견했다. 이것은 우리를 향해 다가오고 있는 것이다. 하지만 다른 거의 모든 나선 성운들은 후퇴하고 있었다. 그것도 아주 엄청난 속도로.

1915년까지 슬리퍼는 15개의 나선 성운들 중에서 11개에서 적색편이를 관측했다. 그 결과를 미국 천문학회에서 발표했을 때 그는 기립박수를 받았다. 2년 후 그는 17개 성운에서 적색편이를 관측했고, 평균 후퇴 속도는 초속 700킬로미터라는 어마어마한 속도였다. 이것은 우리 은하 내부에 있는 어떤 별보다 훨씬 빠른 속도였기 때문에 성운들이 우리 은하에 속해 있다는 생각은 불합리해 보였다. 그는 이렇게 썼다. "나선 성운들이 먼 거리에 있는 별들의 집단이라는 주장은 오래전부터 제기되어왔다…… 내 견해로는 현재의 관측 결과 역시 이 이론에 힘을 보탠다." 어떻게 보면 나선 성운들이 외부 은하라는 사실은 허블보다 8년 앞서 슬리퍼가 이미 밝혀냈다고 볼 수도 있을 것이다.(R02, 192쪽)

1923년까지 슬리퍼는 43개 은하들의 스펙트럼을 출판했다. 훗날 그는 클라이드 톰보(Clyde Tombaugh)를 로웰 천문대에 고용해 톰보가 1930년에 명왕성을 발견하는 과정에 도움을 주기도 했다. 슬리퍼는 애리조나 주에 있는 로웰 천문대에서 일했기 때문에 애리조나 대학에는 그를 기념하는 장학금이 있다. 애리조나 대학에서 천문학을 공부하고 후에 우주 가속 팽창의 발견으로 노벨상을 받은 브라이언 슈밋은 자신이 이 장학금을 받았다는 사실을 매우 의미 있게 여기고 있다고 말하기도 했다.

허블과 휴메이슨이 거리 측정을 시도한 은하는 슬리퍼가 스펙트럼을 구한 43개에 휴메이슨이 스펙트럼을 구한 3개를 더한 46개였다. 1929년, 허블은 이 은하들 중에서 24개 은하의 거리를 측정한 결과를 「은하 외부 성운들의 거리와 시선속도 사이의 관계」라는 제목의 논문으로 발표했다.(R07)

그런데 허블이 이 24개 은하 모두에서 세페이드 변광성을 관측하여 거리를 구한 것은 아니다. 허블이 세페이드 변광성을 찾아낸 은하는 6개였다. 이 6개의 은하는 주기-광도 관계를 이용하여 거리를 구할 수 있었다. 그런 다음 그는 그 은하들에서 가장 밝은 천체들의 절대 밝기를 구했다. 이 천체들은 별처럼 보이지만 사실은 성단들이었다. 그들은 6개 은하에서 가장 밝은 천체들의 절대 밝기의 평균이 일치한다는 사실을 발견했다. 이 사실을 발견한 허블은 나선 은하에서 가장 밝은 천체들의 평균 절대 밝기는 모두 같다는 가정을 세웠다. 그가 측정한 6개의 은하에서 가장 밝은 천체들의 평균 절대 밝기가 모두 같았기 때문에 이것은 충분히 합리적인 가정이라고 생각했다. 그리고 이 가정이 맞는다면 이것을 이용하여 다른 은하까지의 거리를 구할 수 있었다. 이 방법으로 나머지 18개 은하의 거리를 구하여 모두 24개 은하의 거리를 구하게 된 것이다.

허블은 이렇게 구한 24개 은하의 거리와 속도 사이의 관계를 그래프로 그렸다. x축은 은하까지의 거리를, y축은 은하의 이동 속도를 나타내는 이 그래프는 허블 다이어그램이라고 불리며, 경우에 따라서는 x축과 y축을 서로 바꾸어 그리기도 하지만 지금까지도 사용되고 있다. 이 논문에서 그는 "성운들의 거리와 속도 사이에는 거의 선형적인 관계가 있다"고 제안했다. 그런데 그의 논문에 발표된 그래프를 보면 정말 그런 선형적인 관계가 있는지 의구심이 들

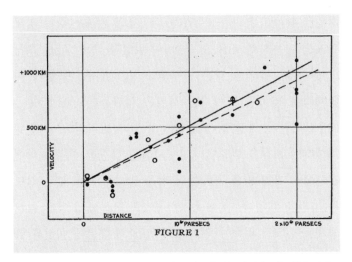

FIGURE 1

<그림 II-7> 허블의 1929년 논문에 포함된 최초의 허블 다이어그램. x축은 거리, y축은 속도를 나타내는데, 속도의 단위 km/s를 km로 잘못 표시한 실수가 눈에 띈다.(R07)

정도다.(그림 II-7) 자료들의 분산이 클 뿐만 아니라 심지어 몇몇 은하는 적색편이가 아니라 청색편이(속도가 0보다 아래에 있는 점들)를 보이고 있기 때문이다. 허블 자신도 "확실한 결과를 논의하기에는 아직 이르다"고 쓰고 있고, 그래프에는 직선 두 개가 그려져 있다. 어느 선이 더 정확하게 맞는지 스스로도 확신하지 못했기 때문이다. 그리고 심지어 속도의 단위를 km/s가 아닌 km로 표시하는 실수까지 저질렀다.(R07)

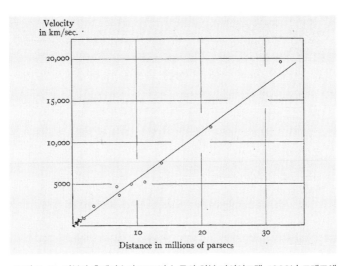

<그림 II-8> 허블과 휴메이슨의 1931년 논문의 허블 다이어그램. 1929년 그래프에 있는 은하들은 이 그림에서 왼쪽 아래 작은 영역(검은 점)에만 표시될 정도로 거리의 범위가 크게 늘어났고 선형 관계도 훨씬 더 명확해졌다.(R08)

하지만 자료 분석에서 중요한 것은 자료 하나하나의 정확성이 아니라 전체의 경향성이다. 최초의 허블 다이어그램은 상당히 부정확해 보이지만 거리와 속도 사이에 선형적인 관계를 보이는 경향성은 분명히 존재한다는 것이 중요하다. 2년 뒤 허블과 휴메이슨은 훨씬 더 멀리 있는 은하까지 확장시켜 은하들의 거리와 속도 사이의 선형적인 관계를 다시 한 번 확인했다.(R08) 이 관계는 '허블의 법칙'으

로 불리게 되었다.

은하들의 거리와 속도 사이에 선형적인 관계가 있다는 말은 멀리 있는 은하는 더 빠른 속도로 우리에게서 멀어지고 있다는 뜻이다. 어떤 은하보다 두 배 더 멀리 있는 은하는 두 배의 속도로, 열 배 더 멀리 있는 은하는 열 배의 속도로 멀어지고 있다는 말이다. 이것은 우주가 공간적으로 팽창할 때 관측될 수 있는 현상이다. 그러나 허블과 휴메이슨은 1929년과 1931년의 논문에서 자신들의 관측 결과만 발표했을 뿐 그 결과에 대한 설명은 하지 않았다. 그들은 은하들의 겉보기 밝기는 거리와 직접적인 연관이 있지만 "적색편이를 실제 속도로 설명하는 것은 그만큼 확신할 수 없다"고 하면서 여기서의 '속도'는 선입견을 없애기 위해서 '겉보기 속도'로 사용되어야 한다고 썼다.(R08)

변화 없는 정적인 우주에 대한 믿음은 오랫동안 여러 뛰어난 과학자들을 괴롭히면서도 끈질기게 지속되어왔다. 만유인력 이론을 발견한 뉴턴도 자신의 이론이 정적인 우주와 맞지 않는다는 사실에 괴로워했다. 중력은 항상 인력으로 작용하고 아무리 멀리 떨어져 있어도 크기는 작아질 뿐 없어지지는 않는다. 그렇다면 우주의 별들은 서로 계속 끌어당기기 때문에 언젠가는 한 점으로 뭉치는 것이 아닐까

하는 것이 뉴턴의 고민이었다. 만약 유한한 수의 별들이 유한한 공간에 흩어져 있다면 별들은 모두 한 점으로 뭉치게 될 것이다. 만약 무한히 많은 수가 무한히 넓은 공간에 퍼져 있다면 어떨까. 그런 경우 뭉칠 중심이 없기 때문에 별들이 뭉치지 않을 것이다. 뉴턴은 그렇게 생각하여 자신의 고민을 해결했다.

그런데 사실 이것은 올바른 설명이 아니다. 뉴턴이 생각한 대로 우주가 유한한 경우에는 별들이 모두 한 점으로 뭉치게 된다. 그런데 이 상태에서 그 둘레에 고르게 별을 증가시키면 어떤 변화가 일어날까? 더해진 별들의 인력은 상쇄되므로 이전의 별들에 아무런 영향을 주지 못한다. 이런 식으로 별의 개수를 아무리 늘려도 별들은 여전히 한 점으로 뭉치게 된다. 뉴턴을 괴롭힌 이 문제는 당시 케임브리지 대학의 철학자 리처드 벤틀리(Richard Bentley)가 뉴턴에게 보낸 편지에서 처음 제기되었기 때문에 벤틀리의 역설(Bentley's paradox)이라고 불린다. 결국 우주가 유한하든 무한하든 정적인 우주 모형으로는 벤틀리의 역설을 해결할 방법이 없다.

뉴턴을 괴롭혔던 벤틀리의 역설은 300년이 지나 다시 아인슈타인을 괴롭혔다. 아인슈타인의 일반 상대성 이론의 방정식 역시 우주는 결국 중력 때문에 모든 물질이 한 곳으로 모이게 되는 결과를 보여주는 것이었다. 아인슈타인이 우주 상수를 도입하게 된 것도 정적인 우주에 대한 강력한 믿음 때문이었다.

정적이고 무한한 우주에 대한 믿음을 괴롭힌 또 하나의 역설이 바로 올베르스의 역설(Olbers' Paradox)이다. 만약 우주가 무한히 크고 별들이 무한히 먼 곳까지 흩어져 있다면, 우리가 하늘을 볼 때 하늘 어느 곳이나 별빛으로 가득 차 있기 때문에 밤에도 대낮처럼 환해야 한다는 것이다. 이것은 1823년 독일인 아마추어 천문학자 올베르스(H. W. Olbers)가 제기한 것으로 알려졌기 때문에 올베르스의 역설이라고 불린다. 그러나 실제로는 이미 200년 전에 케플러가 제기한 문제였으므로 뉴턴이 살던 당시에도 이 같은 사실이 알려졌을 것이다. 어두운 밤하늘을 보며 살아온 사람들에게는 밤하늘이 어두운 것이 당연한 것이지 그것이 왜 역설이 되는지 이해하기 어려울 수가 있다. 하지만 우주가 정말로 정적이고 무한하다면 밤하늘은 절대로 우리가 보는 것처럼 어두울 수가 없다.

우주는 무한히 크고 별들이 무한한 공간에 균일하게 분포하고 있으며, 우주의 나이도 무한하다고 가정하고, 지구를 둘러싸고 있는 얇은 두께의 둥근 껍질을 생각해보자. 이 껍질에는 특정한 수의 별이 있고 이 별들은 특정한 양의 빛을 만들어낸다. 이 빛이 지구에 도달하면 지구에서는 특정한 밝기로 보인다. 이제 이 껍질보다 10배 더 멀리 있는 껍질을 생각해보자. 여기서 만들어지는 빛은 이전의 껍질보다 10배 더 먼 거리를 이동하여 지구에 도달한다. 별에서 나오는 빛은 사방으로 퍼져서 멀리 이동하면 거리의 제곱만큼 어두워지기 때문에 10배 더 멀리 있는 별의 밝기는 100분의 1로 줄어든다. 그런데 이 껍질은 이전의 껍질보다 반지름이 10배 더 크기 때문에 면적은 100배가 더 크다. 그러므로 이 껍질에는 이전의 껍질보다 100배 더 많은 별이 있게 된다. 그러므로 10배 더 멀리 있는 껍질은 가까이 있는 껍질보다 100배 더 많은 별이 있지만 100배 더 어둡게 보이기 때문에 두 껍질의 밝기는 똑같아진다. 이런 식으로 껍질의 거리를 늘려가면 아무리 멀리 있는 껍질도 똑같은 밝기를 가지게 된다. 우주의 크기가 무한하다면 이런 껍질의 수는 무한히 많을 것이고, 우주의 나이도 무한하다면 이 껍질에서 나온 빛은 모두 지구에 도달할 것이다. 무한한 우주에서 오는 빛의 밝기는 어마어마할 것이기 때문에 밤하늘은 어두울 수가 없는 것이다.

현대의 우주론은 벤틀리의 역설과 올베르스의 역설을 간단하게 해결한다. 실제로 우리 우주는 정적이지 않고 팽창하고 있기 때문에 한 점으로 뭉치지 않는 것이다. 그리고 우주의 나이도 빛의 속도도 무한하지 않기 때문에 아주 멀리 있는 곳에 있는 별에서 오는 빛은 아직 우리에게 도달하지 못했다. 우주의 크기가 무한하다 하더라도 우리가 보는 우주의 크기는 유한하기 때문에 밤하늘은 우리가 지금 보는 것처럼 어두운 것이다.

허블이 살던 시대만 해도 아무도 벤틀리의 역설과 올베르스의 역설을 명확하게 해결하지 못했지만, 우주는 과거나 지금이나 변함없이 정적이라는 생각은 막연하게나마 사람들의 생각을 지배하고 있었다. 아마 허블도 이 생각에서 완전히 벗어나지는 못했을 것이다. 하지만 우주가 팽창할 수도 있다는 사실은 아인슈타인의 상대성 이론을 자신만의 방식으로 해석한 알렉산드르 프리드만(Aleksandr Friedmann)과 조르주 르메트르(Georges Lemaître)의 연구를 통해 이미 널리 알려져 있었다.

프리드만이 살던 러시아의 상트페테르부르크에는 제1차 세계대전과 이어진 러시아 혁명 때문에 1920년까지 아인슈타인의 일반 상대성 이론에 대한 소식이 전해지지 않았다. 하지만 불과 2년 만에 프리드만은 아인슈타인의 연구에 필적할 만한 훌륭한 논문을 발표했다. 프리드만은 아인슈타인과 마찬가지로 우주 공간은 밀도가 균일하고 어떤 방향을 보아도 똑같이 보인다는 가정인 우주론의 원리

(cosmological principle)를 이용하여 아인슈타인의 일반 상대성 이론 방정식을 단순화했다. 이것을 '프리드만 방정식'이라고 하는데, 아주 최근까지도 우주론을 이론적으로 연구하는 학자들이 하는 일의 대부분은 이 프리드만 방정식을 푸는 것이었다고 해도 과언이 아닐 정도다.

그는 자신의 방정식으로 아인슈타인의 정적인 우주는 너무나 불안정하여 약간의 움직임만 있어도 팽창하거나 수축할 수밖에 없다는 사실을 알아냈다. 패기 넘치는 젊은 학자였던 프리드만은 아인슈타인과 달리 우주에 대한 선입견에 사로잡히지 않고 일반 상대성 이론 결과를 액면 그대로 받아들였던 것이다. 프리드만이 1922년에 이 결과를 발표하자 아인슈타인은 그가 수학적 오류를 범했다고 주장했다. 하지만 몇 달 만에 아인슈타인은 프리드만의 결과가 정확하다는 것을 알아차렸다. 그래도 그는 그것은 수학적으로만 맞을 뿐이지 현실의 우주와는 맞지 않는다고 믿었다.

그러나 팽창하는 우주에 대한 프리드만의 수학적 기술은 이후 모든 현대 우주론의 초석이 되었고, 얼마 후 허블의 관측으로 증명되었다. 안타깝게도 프리드만은 자신의 이론이 입증되는 것을 보지 못하고 죽었다. 제1차 세계대전에서 조종사로 활약했던 프리드만은 1925년 여름, 기구를 타고 러시아에서 가장 높은 산보다 더 높은 7,400미터까지 올라가는 기록적인 고공비행을 했다. 그러고 나서 얼마 지나지 않아 장티푸스에 걸려 병원에서 죽음을 맞이했다.(R09)

프리드만의 작업을 알지 못했던 벨기에의 예수회 사제 르메트르도 역시 진화하는 우주에 대해 고민하고 있었다. 제1차 세계대전으로 르메트르는 대학에서의 도시 공학 공부를 중단할 수밖에 없었다. 그는 군대에서 포병장교로 근무했고 무공십자훈장을 받았다. 전쟁 이후에는 전공을 바꾸어 물리와 수학을 공부하다가 아인슈타인의 새로운 중력 이론에 흥분하게 되었다. 그는 수학 박사학위를 받은 뒤 사제로 임명받았다. 그리고 과학으로 두 번째 박사학위를 받고 당대 최고의 천문학자였던 영국 케임브리지 대학의 아서 에딩턴 경(Sir Arthur Eddington)과 하버드 대학의 섀플리로부터 천문학을 배웠다.

프리드만의 연구가 거의 순수하게 이론적이었던 것에 반해 천문학을 공부한 르메트르의 연구는 실제 우주론에 좀 더 직접적으로 연관되어 있었다. 그 역시 우주는 이론적으로 수축하거나 팽창할 수밖에 없다고 생각했는데, 지금 우주가 수축하고 있는 것은 아니므로 분명히 팽창하고 있을 것이라고 주장했다. 당시에는 이미 멀리 있는 은하들이 빠른 속도로 멀어지고 있다는 사실이 알려져 있었기 때문에 그는 그 이유를 우주가 팽창하고 있기 때문이라고 생각했다. 1927년, 팽창하는 우주에 대한 새로운 아이디어가 실린 그의 논문이 벨기에의 작은 학술지에 실렸다. 그해 그는 브뤼셀에서 아인슈타인과 이야기를 나누었다. 하지만 아인슈타인은 아직도 팽창하는 우주를 받아들일 준비가 되어 있지 않았다. 그는 르메트르에게 "당신의 계산은 정확하지만 물리학에 대한 이해는 끔찍합니다"라고 말했다.

그리고 2년 후 허블이 논문을 발표했다. 허블 자신은 매우 신중했지만 그는 우주가 팽창하고 있다는 사실을 발견한 것이었다. 1931년에 윌슨 산 천문대를 방문하여 허블을 만난 아인슈타인은 우주가 팽창하고 있다는 사실과, 자신의 우주 상수가 실수였다는 것을 인정했다. 수천 년 동안 이어져오던 정적이고 변함없는 우주에 대한 관점을 완전히 바꾸어놓은 허블의 업적은 어쩌면 우주 가속 팽창을 발견한 것보다 더 중요하다고 볼 수도 있을 것이다. 허블이 노벨상을 받지 못한 것은 참으로 안타까운 일이다.

천문학 분야에서 처음으로 노벨상을 받은 사람은 별의 에너지원을 밝혀낸 업적으로 1967년 노벨 물리학상을 수상한 한스 베테(Hans Bethe)였다. 그 이전에는 천문학을 물리학과 다른 분야로 보았기 때문에 천문학자들에게는 노벨 물리학상을 주지 않았다. 더구나 노벨상은 살아 있는 사람에게만 수여하는데 허블은 1953년 63세의 나이에 뇌졸중으로 갑자기 숨을 거두고 말았다. 허블이 조금만 더 오래 살았더라면 틀림없이 천문학 분야 최초의 노벨상 수상자가 되었을 것이다. 천문학에 전혀 관심이 없는 사람도 한번쯤은 들어보았을 이름인 허블 우주망원경은 당연히 에드윈 허블의 이름을 딴 것이다. 우주의 팽창을 처음으로 밝힌 허블의 이름을 딴 허블 우주망원경은 우주 가속 팽창을 밝히는 데에도 결정적 역할을 했다.

잘못된 거리 측정과 허블 상수

우주가 팽창하고 있다는 허블의 발견은 빅뱅 우주론의 등장을 가져왔다. 단순하게 생각해서 우주가 팽창하고 있다면 과거에는 은하들이 더 가까이 있었을 것이고 그보다 더 과거에는 한 점에 모여 있었을 것이다. 그렇다면 우주의 팽창 속도와 팽창한 거리를 이용하면 우주의 팽창이 시작된 시간을 구할 수 있다.

예를 들어 한 지점에서 출발한 자동차를 생각해보자. 인공위성에서는 자동차가 이 지점을 출발하는 모습을 보지 못했지만 자동차의 속도와 위치는 측정할 수 있다고 하자. 자동차가 시속 100킬로미터로 출발 지점에서 400킬로미터 떨어진 지점을 달리고 있는 것을 관측하면, 우리는 이 자동차가 4시간 전에 출발했다는 사실을 알아낼 수 있다. 마찬가지 방법으로 은하들이 멀어지는 속도와 거리를 알아낸다면 이 은하들이 언제 한 점에 모여 있었는지, 즉 우주의 나이를 알아낼 수 있다.

허블의 법칙은 외부 은하가 멀어지는 속도가 거리에 비례하므로 v=Hd로 표현되며, 비례 상수 H를 '허블 상수'라고 한다. 1929년에 허블이 처음 허블의 법칙에 해당하는 공식을 발표하면서 구한 허블 상수는 K로 표시되어 있으며 그 값은 500km/s/Mpc이다.(R07) 〈그림 II-7〉에서 x축이 거리, y축이 속도이므로 여기서의 기울기가 허블 상수가 되는데, 2Mpc에서의 속도가 약 1,000km/s이므로 기울기는 약 500km/s/Mpc이 되는 것이다. 허블 상수는 이후 허블의 이름 첫 글자를 따서 H로 표시하고 있다.

허블 상수의 단위는 얼핏 복잡해 보이지만 그 의미는 아주 단순하다. 허블의 법칙 v=Hd에서 H를 좌변에 놓으면 H=v/d가 된다. v는 속도, d는 거리이므로 허블 상수 H의 단위는 속도를 거리로 나눈 값이다. 즉 속도의 단위 km/s를 거리의 단위 Mpc(메가 파섹, 백만 파섹으로 326만 광년이다)으로 나누었기 때문에 km/s/Mpc이 된다. 허블 상수의 값이 500km/s/Mpc이라는 것은 1Mpc 떨어진 곳에 있는 은하는 500km/s의 속도로 멀어지고 있고, 10Mpc 떨어진 곳에 있는 은하는 5,000km/s의 속도로 멀어지고 있다는 의미다.

허블 상수의 역수는 1/H=d/v인데 속도 v=d/t이므로 결국 1/H=t, 즉 시간이 되고 이것을 '허블 시간'이라고 한다. 우주가 일정한 속도로 팽창했다고 한다면 이것이 바로 우주의 나이가 된다. 실제로는 우주가 팽창한 속도는 일정하지 않았지만, 당시에는 그로 인한 오차보다는 거리 측정에 의한 오차가 더 컸기 때문에 이 사실은 고려하지 않아도 큰 문제는 없다.

허블이 구한 허블 상수로 우주의 나이를 계산하면 약 18억 년이 된다. 그런데 이 나이에는 큰 문제가 있었다. 당시는 이미 방사성 동위원소에 의한 연대 측정법으로 지구의 나이가 40억~50억 년이라는 결과가 나와 있을 때였다. 우주의 나이가 정말 18억 년밖에 되지 않는다면 지구는 우주가 태어나기도 전에 만들어졌다는 말이 된다. 뭔가 크게 잘못된 것이 분명했다. 방사성 연대 측정법은 실험적으로 충분히 밝혀진 이론이었던 반면 우주가 대폭발에 의해 탄생했다는 주장은 아직 가설일 뿐이었기 때문에 당연히 의심받는 쪽은 후자였다. 우주의 팽창은 빅뱅 우주론의 등장을 이끌었지만 잘못된 우주의 나이 문제는 오히려 빅뱅 우주론을 결정적인 위기에 빠뜨리는 원인이 되었다.

우주의 나이 계산에 잘못이 있었던 원인은 은하까지의 거리 측정에 오류가 있었기 때문이다. 허블은 은하들까지의 거리를 너무 가깝게 측정했다. $v=Hd$에서 거리 d를 너무 작게 측정하면 결과적으로 허블 상수 H값이 커지게 된다. 그러니까 허블이 구한 허블 상수의 값은 너무 컸고, 따라서 허블 상수의 역수인 우주의 나이가 너무 작게 나온 것이다. 레빗이 구한 세페이드 변광성의 주기-광도 관계로는 상대적인 거리는 구할 수 있지만 당시 소마젤란은하까지의 거리는 알지 못했기 때문에 절대적인 거리는 구할 수 없었다. 절대적인 거리를 구하기 위해서는 주기-광도 관계의 기준이 되는 영점이 있어야만 했다. 가까운 세페이드 변광성의 거리를 관측하여 세페이드 변광성의 주기-광도 관계의 영점을 처음으로 구한 사람은 헤르츠스프룽-러셀 다이어그램(HR도)을 만든 아이나르 헤르츠스프룽(Ejnar Hertzsprung)이었다.

헤르츠스프룽이 이용한 방법은 통계시차(statistical parallax)였다. 보통 시차로 별까지의 거리를 구할 때는 지구가 태양 주위를 도는 동안 가까운 별의 상대적인 위치 변화를 이용한다. 반면 통계시차는 태양의 움직임을 이용한다. 태양은 초속 약 220킬로미터의 속도로 약 2억 4천만 년에 한 번씩 우리 은하 중심을 한 바퀴 돈다. 태양 근처의 다른 별들도 마찬가지인데 이 별들이 움직이는 효과를 제거하면 태양은 근처의 별들을 기준으로 초속 약 20킬로미터의 속도로 움직인다. 지구는 태양을 따라서 같이 움직이기 때문에 결국 지구는 태양 근처의 별들 사이를 1년에 약 4AU(Astronomical

Units, 지구-태양 평균 거리인 1억 4천 960만km=1AU)씩 움직이는 결과가 된다. 따라서 별들이 보이는 위치도 조금씩 변하게 되는데, 우리가 움직이는 속도를 알고 있으므로 별의 위치가 변한 정도를 측정하면 별까지의 거리를 구할 수 있는 것이다. 시간이 지나면 태양이 움직이는 거리가 점점 더 늘어나므로 이 방법은 시간이 지남에 따라 더 멀리 있는 별까지의 거리를 구할 수 있다는 장점이 있다. 헤르츠스프룽은 이 방법을 이용하여 가까운 세페이드 변광성까지의 거리를 구한 다음 그 결과를 이용하여 소마젤란은하까지의 거리를 구했다. 그리고 이후 섀플리가 좀 더 정확한 관측으로 새롭게 영점을 구했다.

허블은 섀플리가 구한 세페이드 변광성 주기-광도 관계의 영점을 이용하여 외부 은하까지의 거리를 구했는데 이 영점에 오류가 있었던 것이다. 그 이유는 세페이드 변광성이 한 가지가 아니라 두 종류가 있다는 사실을 몰랐던 데 있다. 두 종류의 세페이드 변광성은 주기-광도 관계가 있다는 것은 같지만 밝기는 서로 다르다. 더구나 섀플리는 RR형 변광성이라는 또 다른 형태의 변광성까지 세페이드 변광성으로 생각하여 영점을 구했기 때문에 영점에 더 큰 오차가 생길 수밖에 없었다.

두 종류의 세페이드 변광성이 있다는 사실은 1950년대에 들어서야 독일 출신 천문학자 월터 바데(Walter Baade)에 의해 알려졌다. 바데는 1931년부터 윌슨 산 천문대에서 일하다가 1942년 제2차 세계대전 참전을 위해 자리를 비운 허블의 관측 시간을 이용하게 되었다. 독일 출신 바데는 적성국의 이민자로 행동에 제한을 받았지만 당시 윌슨 산 천문대 대장이 신분을 보장해주어 천문대에서 근무할 수 있었다. 전쟁 중이었기 때문에 로스앤젤레스는 야간에 소등이 이루어졌고, 칠흑같이 어두운 밤하늘은 당시 세계 최대의 망원경을 사용할 수 있던 바데에게는 최적의 환경이었다.

1948년부터 새로운 세계 최대의 망원경은 팔로마 산의 직경 5미터 헤일 망원경이었다. 이 망원경의 이름은 록펠러재단을 설득해 망원경 건설에 필요한 기금을 받아낸 조지 헤일을 기념하여 붙여진 것이다. 윌슨 산 천문대의 대장으로 있으면서 휴메이슨을 고용했던 바로 그 사람이다. 헤일은 사업가들을 설득해 망원경을 만드는 데 필요한 돈을 얻어내는 방면에 탁월한 재주가 있었다. 그는 로스앤젤레스의 사업가 존 후커(John Hooker)를 설득해 윌슨 산 천문대의 2.5미터 후커 망원경을 만들기도 했다.

헤일 망원경을 이용하여 안드로메다은하를 포함한 가까운 은하들의 별들을 연구하던 바데는 우리 은하와 같은 나선 은하에는 확연히 구별되는 두 종류의 별들이 있다는 사실을 발견했다. 우리 은하나 안드로메다은하와 같은 나선 은하에는 중심부에 둥근 공 모양으로 부푼 곳이 있는데 이것을 '팽대부'라고 한다. 그는 산개성단과 은하의 나선팔에 분포하는 뜨겁고 밝은 별들을 종족 1로, 팽대부와 구상성단에 있는 차갑고 어두운 별들을 종족 2로 분류했다.

앞에서 살펴본 바와 같이 수소와 헬륨보다 더 무거운 원소들은 모두 별에서 만들어진 것이다. 그러므로 나이가 많은 별보다는 나중에 만들어진 별들이 무거운 원소들을 더 많이 갖게 된다. 뜨겁고 밝은 종족 1의 별들은 무거운 원소들을 더 많이 가지고 있는 젊은 별들이고, 차갑고 어두운 종족 2의 별들은 무거운 원소의 양이 적은 늙은 별들이었다. 그래서 산개성단은 주로 젊은 별들로 이루어져 있고 구상성단은 늙은 별들로 이루어져 있다.

바데는 세페이드 변광성 역시 두 종류로 나뉜다는 사실을 알아냈다. 1형 세페이드는 종족 1에 속하고 2형 세페이드는 종족 2에 속하는 변광성이었다. 두 종류의 세페이드 변광성은 변광하는 모습은 비슷하지만 1형이 2형보다 더 젊고 질량이 크기 때문에 더 밝다.(그림 II-9) 레빗이 소마젤란은하에서 발견한 세페이드는 1형 세페이드였고 섀플리가 영점 조정에 사용한 세페이드는 더 어두운 2형 세페이드가

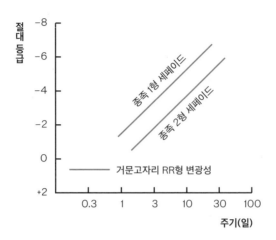

<그림 II-9> 세페이드 변광성의 주기-광도 관계. 1형 세페이드가 전체적으로 더 밝다. 섀플리는 두 종류의 세페이드와 RR형 변광성을 구별하지 않고 영점을 구했기 때문에 거리에 오차가 크게 발생했다.

더 많이 포함되어 있었다. 2형 세페이드는 1형 세페이드보다 네 배 정도나 더 어둡기 때문에 영점에 큰 오차가 생긴 것이다.

허블이 안드로메다은하와 다른 은하들에서 발견한 것은 당연히 더 밝아서 관측하기가 쉬운 1형 세페이드였다. 멀리 어두운 불빛이 보인다면 그곳까지의 거리는 둘 중 하나로 설명할 수 있다. 원래는 밝은 불빛인데 멀리 있기 때문에 어둡게 보이거나, 아니면 가까이 있지만 원래 어두운 불빛이라는 것이다. 허블이 관측한 은하들에 있는 변광성들은 원래 밝은 별이지만 멀리 있어서 어둡게 보이는 것이었는데, 허블은 어두운 2형 세페이드를 이용하여 구한 영점을 사용했기 때문에 그 별들이 원래 어두운 별이라고 판단했던 것이다. 결과적으로 은하들까지의 거리를 실제보다 가깝게 측정하게 되었던 것이다.(R10)

그런데 안드로메다은하까지의 거리가 잘못되었을 수도 있다는 사실은 허블도 알고 있었다. 세페이드 변광성으로 안드로메다은하까지의 거리를 구한 허블은 안드로메다은하에 있는 가장 밝은 구상성단의 밝기가 우리 은하의 가장 밝은 구상성단보다 네 배(약 1.5등급)나 더 어둡다는 사실을 발견했다. 당연히 다른 구상성단들도 우리 은하의 구상성단들보다 훨씬 더 어두워 보였다. 안드로메다은하가 외부에 있는 또 다른 은하라면 구상성단들의 성질이 우리 은하와 그렇게 다를 이유가 없을 것이다.

세페이드 변광성을 이용하여 안드로메다은하까지의 거리를 구했다는 것은 우리 은하의 세페이드 변광성이 안드로메다은하의 세페이드 변광성과 기본적으로 다르지 않다는 가정을 전제로 한 것이다. 그런데 구상성단들의 성질이 그렇게 다르다면 이 가정이 잘못되었거나 아니면 거리 측정에 문제가 있다는 의미였다. 이 사실은 1940년대에 다른 관측자들에 의해서도 확인되었는데 우주의 나이 문제와 함께 천문학자들을 괴롭힌 한 원인이었다. 멀리 있는 은하를 가깝게 있는 것으로 보았으니 실제로 가까이 있다면 충분히 밝게 보여야 할 구상성단들이 더 어둡게 보이는 것은 당연한 일이었지만 당시로서는 그 이유를 알 수 없었다.

1952년 바데는 로마에서 열린 국제천문연맹 미팅에서 안드로메다은하가 허블이 발표했던 것보다 약 세 배 더 멀리 있다는 관측 결과를 발표했다. 갑자기 우주의 크기는 커졌고 따라서 나이도 많아졌다.

1958년 대학원 시절 허블과 함께 일하다가 허블 사후 바데의 지도로 박사학위를 받은 미국의 천문학자 앨런 샌디지(Allan Sandage)는 외부 은하까지의 거리를 새롭게 구해 허블 상수를 75km/s/Mpc으로 발표했다.(R11) 그러면 우주의 나이는 약 130억 년이 되기 때문에 오랫동안 빅뱅 우주론을 괴롭혀온 우주의 나이 문제가 해결된다. 하지만 이후 30여 년 동안 허블 상수는 50에서 100 사이를 왔다 갔다 했다. 이 분야에서 가장 활동적이고 영향력이 강한 두 그룹이 각각 두 극단적인 값을 주장했기 때문이다. 재미있게도 허블 상수를 75로 발표했던 샌디지가 이후 입장을 바꾸어 허블 상수 값 50을 주장하는 그룹의 대표적인 사람이 되었다.

허블 상수 값 100을 주장한 그룹의 대표 주자는 프랑스 출신 천문학자 제라르 드 보클레르(Gérard Henri de Vaucouleurs)였다. 허블 상수 값이 50에서 100 사이를 왔다 갔다 했으므로 우주의 나이 역시 100억 년에서 200억 년 사이를 왔다 갔다 할 수밖에 없었다.

1986년 마이클 로언 로빈슨(Michael Rowan-Robinson)은 『우주의 거리 사다리(The Cosmological Distance Ladder)』라는 책에서 반세기에 이르는 허블 상수 측정의 역사를 정리하면서 가장 정확한 허블 상수 값은 67 ± 15km/s/Mpc이라고 결론 내렸다.(R12) 하지만 논쟁은 수그러들지 않았다. 내가 대학과 대학원을 다니던 1990년대에는 대부분의 사람들이 허블 상수 값을 70에서 75 정도로 추정하면서도 끈질기게 50을 고집하는 샌디지라는 대가 때문에 함부로 이를 주장하지 못하는 분위기였다. 허블 우주망원경과 WMAP(Wilkinson Microwave Anisotrop Probe) 위성 등 최신 자료로 구한 현재까지 가장 정확한 허블 상수 값은 $70.4^{+1.3}_{-1.4}$km/s/Mpc이다.(R13)

그런데 사실 허블 상수는 '상수'가 아니다. 허블 상수는 우주의 팽창 속도를 은하들 사이의 거리로 나눈 값이라는 사실을 기억하자. 우주의 팽창 속도가 일정하다 하더라도 허블 상수 값은 변하게 된다. $H=v/d$에서 우주의 팽창 속도가 일정하다면 v가 일정하고, 팽창을 하면 은하들 사이의 거리는 점점 커져서 d가 커지기 때문에 허블 상수 값은 점점 작아지게 된다. 만일 우주가 내부 물질의 중력 때문에 팽창하는 속도가 줄어들고 있다면 속도는 작아지고 거리는 커지기 때문에 허블 상수 값은 더 빠르게 작아지게 된다. 그래서 천문학자들은 일반적인 허블 상수를 H, 그리고 현재의 허블 상수를 H_0로 표시한다.

그러니까 지금까지 이야기한 허블 상수는 사실은 현재의 허블 상수인 H_0였다. H_0는 약 1억 광년 거리까지의 은하에서 세페이드 변광성을 관측하여 구한다. 하지만 과거의 허블 상수 값을 구하기 위해서는 이보다 훨씬 더 먼 은하까지의 거리를 측정해야만 한다. 세페이드 변광성은 좋은 표준 광원이긴 하지만 1억 광년보다 더 먼 거리를 측정할 수 있을 정도로 충분히 밝지는 않다. 그러므로 이보다 훨씬 더 먼 거리를 측정할 수 있는 새로운 표준 광원이 있어야 한다. 그것은 폭발하면서 죽음을 맞는 별, 바로 초신성이다.

우리는 모두 별의 잔해

　별은 우주 공간의 먼지와 기체가 모여서 만들어진다. 천체 사진을 통해 다양한 종류의 화려한 성운들을 볼 수 있는데, 별이 만들어지기 시작하는 곳은 영하 260도 정도로 온도가 매우 낮아서 암흑 성운으로 보인다. 먼지와 기체들이 모여 별이 만들어진다고는 하지만 사실 먼지는 전체의 1퍼센트 정도밖에 되지 않고 99퍼센트는 기체로 이루어져 있다. 하지만 1퍼센트 정도밖에 되지 않는 먼지들이 별을 만드는 데 매우 중요한 역할을 한다.

　먼지 알갱이는 기체 입자보다 1천 배 이상 크기 때문에 덩어리를 만드는 구심점 역할을 한다. 먼지가 없다면 기체 입자들이 아무리 많아도 서로 엉겨 붙지 못해 별이 만들어질 수 없다. 아무리 다양한 의견이 나와도 제대로 된 구심점이 없으면 일이 진행되지 않는 경우와 마찬가지다.

　먼지를 중심으로 작은 덩어리가 만들어지면 중력에 의해

다른 입자들이 끌려가 덩어리가 빠른 속도로 커진다. 그리고 이 덩어리가 충분히 커지면 자체 중력에 의해 수축하기 시작한다. 1920년대에 영국의 천문학자 제임스 진스(James Jeans)는 덩어리의 질량이 얼마가 되면 중력에 의한 수축이 일어나는지를 계산했는데, 이 질량을 진스의 질량(Jeans' mass)이라고 한다.

기체와 먼지 덩어리는 처음 만들어질 때부터 회전력을 가지고 있는 경우가 많은데, 수축을 하면 회전 속도가 더 빨라진다. 이것은 회전하는 물체에 외력이 작용하지 않으면 물체의 질량, 반지름, 회전 속도의 곱이 항상 일정하다는 각운동량(角運動量) 보존 법칙으로 설명된다. 회전하는 기체와 먼지 덩어리의 질량은 일정하므로 수축을 하여 반지름이 작아지면 회전 속도의 값이 커지는 것이다. 피겨 스케이팅 선수가 회전하면서 팔을 모으면 더 빠르게 회전할 수 있는 것과 같은 원리다. 기체와 먼지 덩어리가 회전하면서 수축하면 원심력에 의해 편평한 원반이 만들어진다. 이 원반에서는 별의 주위를 도는 행성이 만들어지는 경우가 많다. 태양이 아닌 다른 별의 주위를 도는 외계행성을 발견하려는 연구는 매우 활발하게 진행되고 있고, 지금까지 약 천 개 이상의 외계행성을 발견했다.

특히 2009년에 발사되어 2013년까지 활동한 케플러 우주망원경은 3천 개에 가까운 외계행성 후보를 발견했다. 또 생명체가 존재할 가능성이 있는 '서식 가능 지역'(habitable zone)의 행성도 다수 발견했다. 그리고 지구와 환경이 거의 같은 쌍둥이 지구도 조만간 발견할 것으로 보인다. 우리나라도 칠레, 오스트레일리아, 남아프리카 공화국에 각각 망원경을 건설하여 외계행성을 찾는 KMTNet(Korea Microlensing Telescope Network) 사업을 진행하고 있어 많은 성과가 기대된다.

그런데 별이 기체로 이루어졌다는 사실이 알려진 것은 채 100년도 되지 않았다. 최근에도 가끔씩 대중 강연에서 태양이 기체로 이루어져 있다고 이야기하면 깜짝 놀라는 사람들이 있어서 당혹스러울 때가 있다. 지구가 태양 주위를 돈다는 획기적인 주장을 했던 그리스의 철학자 아낙사고라스는 태양은 불에 타는 철과 암석 덩어리라고 해석했다. 그 근거는 하늘에서 떨어진 운석이었다. 불이 붙은 채 떨어지는 운석은 태양에서 온 것이 분명하고 그 성분이 철과 암석이므로 태양이 철과 암석으로 이루어져 있다고 생각한 것은 아무런 모순이 없었다. 그런데 정말로 놀라운 사실은 20세기 과학자들조차도 태양이 철로 이루어져 있다고 믿었다는 것이다. 물론 그들이 그리스 시대 사람들처럼 태양을 철과 암석 덩어리로 생각한 것은 아니고, 철 성분이 아주 많다고 여겼다.

1890년대에 방사능이 발견된 이래, 과학자들은 우라늄과 같은 연료가 태양의 연료일 수도 있지 않을까 생각했다. 태양이 수십억 년 동안 타고 있다는 사실은 분명한데 석탄이나 다른 전통 연료로는 이것이 불가능하기 때문이다. 그런데 문제는 태양의 스펙트럼에서는 우라늄이나 토륨과 같은 방사성 물질을 발견할 수가 없었다는 것이다. 오히려 태양과 별에서 나타나는 스펙트럼에 가장 많이 포함되어 있는 것은 철이었다. 1909년까지 가장 정확한 측정 결과는 태양이 약 66퍼센트의 순수한 철로 이루어져 있다는 것이었다.

태양의 스펙트럼을 새로운 방식으로 해석한 사람은 영국의 젊은 여성 세실리아 페인이었다. 1919년 케임브리지 대학에 입학한 페인은 에딩턴에게 천문학을 배웠다. 페인은 케임브리지 대학원에 진학하고 싶었지만 당시 영국에서 여자는 대학원에 진학할 수 없었기 때문에 미국 하버드 대학으로 떠났다. 하버드 대학은 에드워드 피커링과 '컴퓨터'들 덕분에 스펙트럼 분석에서는 오랜 전통이 있는 곳이었다. 당시 하버드의 연구실에는 여전히 '컴퓨터'들이 있었지만 페인은 다행히 그보다는 후대 사람이었다.

페인은 태양의 스펙트럼을 완전히 새로운 관점에서 분석했다. 그 결과 철의 흡수선으로 보이던 태양의 흡수선이 사

<그림 II-10> 스펙트럼을 분석하고 있는 세실리아 페인. © Smithsonian Institution

실은 수소와 헬륨의 흡수선이라는 사실을 알아냈다. 오랜 스펙트럼 자료 분석 결과 페인은 태양의 3분의 2 이상이 철로 되어 있다는 이전의 이론을 뒤집고 태양의 90퍼센트가 수소로 되어 있으며 나머지 10퍼센트도 대부분 가벼운 헬륨으로 구성되어 있다고 해석했다. 이 같은 내용은 페인의 박사학위 논문으로 제출되어 천문학자들 사이에서 엄청난 화제가 되었다.

그러나 당시 천문학계를 장악하고 있던 보수적인 남성

과학자들은 페인의 결과를 쉽게 받아들여주지 않았다. 특히 헤르츠스프룽–러셀 다이어그램을 만든 헨리 노리스 러셀(Henry Norris Russell)은 페인의 결과가 완전한 오류에 기초한 것이라고 단언했다. 러셀은 페인의 지도교수의 논문을 지도한 교수이기도 했고, 당시 미국 천문학계의 자금과 인사를 대부분 장악하고 있었기 때문에 러셀을 거스른다는 것은 미국 천문학계에서 완전히 매장당하는 것을 자초하는 행위였다. 결국 페인은 논문에 "수소가 엄청나게 풍부하다는 것은…… 사실이 아닌 것이 거의 확실하다"라는 문장을 끼워넣었다.(R14)

하지만 얼마 지나지 않아 다른 과학자들의 독립적인 연구 결과와 페인의 주장이 일치하면서 페인이 옳았던 것으로 판명되었다. 그러나 페인의 스승들은 결코 그녀에게 사과하지 않았다. 마치 자신들은 진작부터 태양이 수소와 헬륨으로 이루어져 있다는 사실을 알고 있었던 것처럼 떠들어대며 오히려 가능한 한 오랫동안 페인이 천문학계에서 경력을 쌓지 못하도록 방해하려 했다. 하지만 시간이 흘러 세대가 바뀌면서 페인의 업적은 천문학계에서 인정받게 되었다. 페인은 하버드 대학 최초의 여성 종신교수를 거쳐 하버드 자연과학대학 최초의 여성 학장을 지냈다. 때로는 세대가 바뀌어야만 해결되는 문제들이 있다.

자체 중력에 의해 수축이 일어나면 원반의 중심부에서는 중력 에너지가 발생하여 내부의 온도가 올라간다. 처음 천천히 수축할 때는 온도가 올라가더라도 열이 밖으로 쉽게 빠져나가기 때문에 온도가 크게 올라가지는 않는다. 중심부의 밀도가 어느 정도 이상으로 높아지는 단계에 이르면 매우 빠른 속도로 중력 수축이 일어난다. 이 과정은 짧은 시간에 이루어지고 밀도도 높기 때문에 발생된 열이 밖으로 잘 빠져나가지 못하게 되어 중심부의 온도를 급격히 상승시킨다. 중심부의 온도가 약 천만 도에 이르면 중심부에 있던 수소 원자들이 모여 헬륨 원자를 만드는 수소 핵융합 반응이 발생하면서 막대한 에너지를 만들어낸다. 이 에너지가 밖으로 나오면 스스로 타서 빛을 내는 별이 탄생하게 되는 것이다.

　중심부의 온도가 천만 도 이상이 되어 수소 핵융합 반응이 일어나기 위해서는 전체 질량이 태양 질량의 약 0.08배 이상은 되어야 한다. 이보다 질량이 작으면 별이 되지 못하고 그대로 식어버리는데, 이것을 '갈색왜성'(brown dwarf)이라고 한다. 중심부에서 수소 핵융합 반응이 시작되면 그 에너지가 만들어내는 압력과 별의 자체 중력이 평형을 이루어 더 이상 수축하거나 팽창하지 않는 안정된 상태가 유지된다. 이 상태의 별을 '주계열성'(main sequence)이라고 한다. 별들은 대체로 일생의 약 90퍼센트를 주계열성 상태로 보낸다. 그러므로 우주에 있는 별들의 90퍼센트 정도는 주계열성이라고 볼 수 있다.

별의 표면 온도는 중심부 온도보다 항상 낮다. 따라서 핵융합 반응은 언제나 온도가 가장 높은 중심부에서만 일어난다. 만일 별 전체에서 핵융합 반응이 일어난다면 강한 열과 압력 때문에 별 전체가 폭발하고 말 것이다. 보통 전체 별 질량 중에서 중심부의 약 10퍼센트만이 핵융합 반응에 사용된다.

별은 중심부의 수소가 핵융합 반응으로 모두 헬륨으로 바뀌면 수명을 다하고 죽음으로 향하는 진화를 하게 된다. 별의 수명은 처음 만들어질 때 얼마의 질량을 가지느냐에 의해 결정된다. 질량이 큰 별은 연료가 되는 수소를 많이 가지고 있기 때문에 수명이 더 길 것 같지만 사실은 그 반대다. 질량이 큰 별은 많은 에너지를 소비하면서 밝게 빛나기 때문에 오히려 수명이 짧다. 결과적으로 별의 수명은 대략 질량의 제곱에 반비례한다. 태양의 수명이 약 100억 년이므로 태양보다 질량이 10배 더 큰 별의 수명은 1/100인 1억 년 정도이고, 태양 질량의 1/10인 작은 별의 수명은 100배인 1조 년 정도가 된다.

태양의 수명은 약 100억 년인데 지금까지 약 50억 년을 살았기 때문에 앞으로 50억 년 후면 중심부의 수소를 모두 소진하여 수명을 다하게 된다. 그러면 중심부에는 헬륨으로 이루어진 핵이 있고 바깥쪽은 수소로 이루어진 구조로 바뀐다. 중심부에서 핵융합 반응이 더 이상 일어나지 않으면 온도와 압력이 낮아져서 중력에 의해 수축한다. 그 수축 때문에 중심부의 온도가 다시 상승한다. 그러면 헬륨 핵 바로 바깥쪽에서 남아 있던 수소가 핵융합 반응을 하게 된다. 이때 이 부분의 온도와 압력이 높아져 중심부는 더욱 수축하게 되고 바깥쪽은 크게 팽창한다. 이렇게 팽창한 별은 크기가 커져서 밝기는 매우 밝고 팽창에 의해 온도는 낮아져서 붉은색으로 보이게 되는데, 이런 별을 '적색 거성'(red giant)이라고 한다. 흔히 위대한 사람들을 가리켜 '큰 별' 혹은 '거성'이라고 하지만, 사실 큰 별은 죽어가고 있는 별이거나 그렇지 않더라도 정해진 수명이 그다지 길지 않은 별이다.

　　수축에 의해 중심부의 온도가 계속 올라가면 결국에는 헬륨이 핵융합을 일으켜 탄소가 만들어진다. 중심부의 헬륨이 모두 소모되면 앞의 과정과 비슷한 과정을 거쳐 탄소 핵 바로 바깥쪽에서는 헬륨이 연소를 하고 그 바깥쪽에서는 수소가 연소를 하게 된다.(그림 II-11) 이 단계에서는 바깥

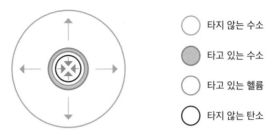

| 타지 않는 수소 |
| 타고 있는 수소 |
| 타고 있는 헬륨 |
| 타지 않는 탄소 |

\<그림 II-11\> 중심부에 탄소가 있고 그 바깥쪽에서 헬륨 연소, 그리고 그 바깥쪽에서 수소 연소가 일어나는 단계.

쪽이 매우 불안정해지면서 많은 물질이 방출되어 '행성상 성운'(planetary nebula)이 만들어진다. 이 단계를 지나면 중심부의 탄소만 남아 서서히 식으면서 죽어가게 되는데 이 상태가 바로 '백색왜성'(white dwarf)이다.

그런데 태양보다 질량이 더 큰 별들은 이렇게 조용히 죽음을 맞이하지 않는다. 탄소가 핵융합 반응을 일으키려면 온도가 약 8억 도가 되어야 하는데, 질량이 충분히 큰 별들은 중력 수축으로 이 정도 온도에 이를 수 있기 때문에 탄소 핵융합 반응이 일어나 산소, 네온, 마그네슘, 나트륨 등의 원소가 만들어진다. 탄소 연료가 다 소진되면 그 이후에는 약 15억 도에서 네온이 연소되고, 산소는 약 20억 도, 규소는 약 30억 도에서 연소되어 철이 된다. 각 단계에 걸리는 시간은 점점 짧아진다. 탄소 핵융합은 1,000년이 걸리고 산소 핵융합은 1년, 그리고 마지막 규소 핵융합은 하루밖에 걸리지 않는다.

이런 상태에 이른 별의 내부는 〈그림 II-12〉와 같이 가장 가벼운 수소는 가장 바깥층에 있고 그 아래로 들어갈수록 점점 더 무거운 원소가 되면서 가장 중심부에는 철로 이루어진 핵으로 구성된 양파 같은 구조가 된다. 핵의 철은 고체 철보다 수백 배 더 밀도가 높지만 30억 도의 기체 상태다. 철보다 더 무거운 원소들은 모두 질량이 큰 별에서 만들어진다. 그 원자들의 절반 정도가 질량이 큰 별들의 대기에서 중성자들이 무거운 핵에 붙잡혀서 만들어진다. 이 과정은 안정적인 원소들 중에서 가장 무거운 원소인 비스무트까지만 일어난다.

중심부에서 철이 만들어지면 더 이상 핵융합 반응이 일어나지 않는다. 철 원자의 핵을 이루는 양성자와 중성자들은 너무나 단단하게 묶여 있어서 이 핵이 깨져 철보다 더 무거운 원소로 융합하는 것은 불가능하기 때문이다. 그런데 철로 이루어진 중심핵 위에 놓인 규소 층에서는 계속 연소가 일어나기 때문에 중심핵의 질량이 점점 증가하게 된

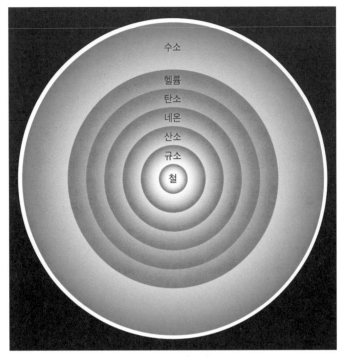

수소

헬륨

탄소
네온
산소
규소
철

<그림 II-12> 모든 핵융합 반응이 끝난 별의 내부 구조.

다. 이 질량이 한계를 넘어서면 중심핵은 중력을 버티지 못
하고 붕괴한다.

중심핵이 붕괴하면 바깥층은 모두 한꺼번에 안쪽으로 무
너진다. 그러다가 바닥에 닿으면 다시 튕겨져 밖으로 튀어

나오게 된다. 이때 바깥층은 양파처럼 서로 다른 원소들로 이루어져 있기 때문에 서로 다른 탄성을 가지고 있어서 튀어나오는 과정이 폭발적으로 일어나게 된다. 농구공 위에 테니스공을 얹어서 바닥에 떨어뜨린다고 생각하면 된다. 농구공과 테니스공이 동시에 떨어져서 바닥에 튕기면 테니스공은 탄성이 다른 농구공 위에서 튀어 오르기 때문에 그냥 바닥에 튕길 때보다 훨씬 높이 튀어 오른다. 이렇게 별이 최후의 순간에 붕괴하면서 폭발하는 것이 바로 초신성이다.

별의 중심부와 대기에서 만들어지지 않은 나머지 원소들은 이 초신성 폭발 과정에서 생성된다. 초신성이 폭발하면 그 충격 때문에 온도가 수십억 도에 이르게 되는데, 이 속에서 우라늄과 플루토늄 사이의 무거운 원소들이 만들어진다. 금도 이 과정에서 생겨난다. 이렇게 만들어진 원소들은 우주로 퍼져나가 다시 새로운 별과 행성을 만드는 원료가 된다. 그러니까 우리의 몸을 이루는 대부분의 원소는 별의 진화와 죽음의 과정에서 만들어진 것이다. 결국 우리는 모두 별의 잔해인 것이다.

우리 몸을 이루는 6대 주요 원소는 수소, 탄소, 질소, 산소, 인, 황이다. 그런데 이상하게도 인만은 초신성이 폭발한 잔해에서 거의 발견되지 않고 있었다. 초신성 잔해에서 충분한 양의 인을 최초로 발견한 사람들은 서울대학교 물리천문학부의 구본철 교수가 이끈 연구진이었다. 구본철 교수 팀은 카시오페이아 A 초신성 잔해에서 다량의 인을 발견하여 초신성 폭발 과정에서 인이 만들어진다는 사실을 처음 관측으로 확인했다. 이 결과는 세계적 과학저널인《사이언스》지 2013년 12월 13일자에 게재되었다.(R15)

●●●●●●●

초신성과 별의 죽음

초신성은 사실 별이 죽어가는 모습이지만 우리 눈에는
한동안 새로운 별이 나타난 것처럼 보이기 때문에 초신성
이라고 불린다. 우리나라에서는 잠시 머물렀다 사라진다
는 의미에서 객성(客星, 손님별)으로 불렸다. 기록에 남아 있는
최초의 초신성은 185년에 중국의 천문학자들에 의해 관측
된 것이다. 1006년에 관측된 초신성은 지금까지 가장 밝았
던 초신성으로 추정되며 중국과 이슬람의 천문학자들에 의
해 자세히 기록되었다. 1054년에 나타난 초신성은 중국의
천문학자가 관측했으며, 그 잔해가 게성운(Crab Nebula)이라는
이름으로 남아 있다. 1572년의 초신성은 튀코 브라헤에 의
해 관측돼 튀코 초신성이라고 불리고, 1604년의 초신성은
요하네스 케플러에 의해 관측돼 케플러 초신성이라고 불리
는데, 우리 은하에서 가장 최근에 관측된 초신성이다. 『조
선왕조실록』에도 케플러 초신성이 관측된 기록이 약 130회

가 있다. 이 기록은 케플러의 기록에 빠져 있는 자료를 제공하여 초신성의 최대 밝기를 알아내는 데 중요한 역할을 하기도 했다.

1572년과 1604년에 관측된 초신성들은 유럽에서 천문학이 발전하는 데 큰 영향을 끼쳤다. 아리스토텔레스는 달과 행성 너머의 하늘은 절대 변화가 없는 곳이라고 주장했는데, 갈릴레오는 이 초신성들을 그 주장에 대한 반박의 근거로 사용했다. 이것은 모두 우리 은하에서 나타난 초신성들이었고, 매우 밝았기 때문에 낮에도 관측할 수 있을 정도였다.

육안으로 관측할 수 있었던 가장 최근의 초신성은 1987년에 우리 은하의 동반은하인 대마젤란은하에서 나타난 것이다. 남반구 쪽 하늘이었기 때문에 우리나라에서는 볼 수 없었지만 최고 밝기가 약 3등급이어서 맨눈으로도 충분히 볼 수 있었다. 우리 은하에서는 1604년 케플러 초신성 이후 초신성이 관측되지 않았지만 망원경과 사진의 보급으로 멀리 있는 외부 은하에서 나타나는 초신성들은 많이 관측할수 있었다. 여기에는 아마추어 천문학자들도 큰 역할을 했다. 초신성이 어느 은하에서 언제 나타날지는 아무도 예측할 수 없기 때문에 초신성 관측은 어떤 은하를 관측하여 이전에 찍은 사진과 비교해보는 방식으로 이루어진다.

초신성이 폭발한 후 남은 핵이 무엇이 되는지는 남은 핵

<그림 II-13> 서울대학교 초신성 탐사 팀이 1999년 국내에서는 최초로 발견한 초신성 1999dm. 촬영한 사진을 이전 사진과 비교하여 초신성을 발견할 수 있다. 1월에 찍은 사진에는 보이지 않던 초신성이 6월에 찍은 사진에는 보인다. 그리고 약 두 달 후 다시 어두워진 모습도 볼 수 있다. (관측자: 이명균 교수, 박창범 교수, 이종환, 이성호, 박찬경)

의 질량에 의해 결정된다. 남은 핵의 질량이 태양 질량의 세 배 근처면 이것은 중성자별이 된다. 별은 진화와 초신성 폭발 과정에서 많은 질량을 잃어버리기 때문에 원래 별의 질량은 이보다 훨씬 더 크다. 중성자별은 엄청난 중력에 의해 양성자와 전자가 결합하여 중성자가 된 별이다. 중성자별은 1967년에 영국 케임브리지 대학의 앤터니 휴이시(Antony Hewish) 교수와 그의 대학원생 조슬린 벨(Jocelyn Bell)에 의해 그 존재가 드러났다. 중성자별 중에는 매우 빠르게 회

전하면서 규칙적으로 전파를 방출하는 펄사(pulsar)가 있는데 이들은 펄사를 최초로 발견한 것이다. 휴이시는 이 발견으로 1974년에 노벨 물리학상을 수상했다. 실제로 처음 펄사를 발견한 조슬린 벨은 수상자에 포함되지 않아 여성에 대한 차별이 아니냐는 논란이 일기도 했다. 하지만 조슬린 벨은 이후에도 활발한 활동을 계속하여 영국 왕립 천문학회 회장까지 역임했으며, 노벨상을 받지 못한 것이 오히려 자신에게 좋은 기회가 되었다고 이야기하기도 했다.

초신성 폭발 후 남은 핵의 질량이 태양 질량의 세 배보다 크면 이것은 블랙홀이 된다. 블랙홀은 중력이 너무 커서 빛조차 빠져나올 수 없는 천체다. 블랙홀은 매우 현대적인 개념이지만 중력에 의해 빛이 빠져나올 수 없는 천체에 대한 논의는 18세기부터 있었다. 어떤 물체가 자신을 붙잡고 있는 중력을 이기고 빠져나올 수 있는 속도를 탈출 속도(escape velocity)라고 한다. 1783년 영국의 지질학자 조지 미첼(George Michell)은 탈출 속도가 빛의 속도가 되려면 태양의 밀도가 얼마나 높아져야 하는지에 대해서 생각했다. 10년 뒤, 프랑스의 수학자 피에르 시몽 라플라스(Pierre Simon Laplace)도 유사한 방법으로 '어둠의 별'의 존재를 상상했다. 하지만 이 아이디어는 100년 넘게 무시되었다. 빛은 질량이 없기 때문에 중력의 영향을 받지 않는다고 생각했기 때문이다.

빛이 질량에 의해 휘어진다는 것을 예측한 일반 상대성 이론이 등장하면서 블랙홀의 개념이 다시 떠올랐다. 아인슈타인이 일반 상대성 이론을 발표하고 나서 1년 뒤 독일의 천문학자 카를 슈바르츠실트(Karl Schwarzschild)는 회전하지 않는 구형 물체에 대한 방정식을 풀어 밀도가 아주 높아져서 블랙홀이 되는 물체의 크기를 계산했다. 슈바르츠실트는 제1차 세계대전 당시 독일군에 복무하면서 이 계산을 수행했는데, 계산 결과를 발표한 지 한 달 뒤에 심한 피부병으로 죽고 말았다.(R02, 143쪽)

이론적으로 블랙홀이 존재할 수 있다는 사실은 밝혀졌지만 블랙홀이 실재할지에 대해서는 오랫동안 논란이 되었다. 아인슈타인 자신도 블랙홀이 실재할 것이라고는 생각하지 않았다. 블랙홀은 빛을 내지 않기 때문에 직접 관측할 수가 없다. 하지만 많은 별들은 쌍성계를 이루고 있어 눈에 보이는 이웃별을 관측하여 블랙홀의 존재를 확인할 수 있다. 이웃별에서 블랙홀의 강한 중력에 의해 물질들이 끌려 들어가면 X선이 방출되는데 이 X선을 관측하여 블랙홀의 존재를 알아낼 수 있는 것이다. 1971년 백조자리 X-1(Cyg X-1)이 블랙홀이라는 증거가 발견되었고, 이후 수많은 블랙홀이 속속 존재를 드러냈다.

블랙홀은 모든 것을 무자비하게 빨아들이는 괴물 같은 이미지를 가지고 있다. 하지만 블랙홀의 강한 중력은 블랙홀 근처의 좁은 영역에서만 위력을 발휘할 뿐 블랙홀에서 멀리 떨어진 곳에서는 중력이 약하기 때문에 뉴턴의 중력과 거의 차이가 없다. 예를 들어 태양이 반경 3킬로미터로 수축한다면 태양은 블랙홀이 된다. 하지만 지구는 이에 아무런 영향을 받지 않고 같은 궤도를 돈다. 그리고 지금까지 발견된 블랙홀은 모두 지구에서 수천 광년 이상 떨어진 곳에 있다. 블랙홀에 빨려 들어갈 걱정은 하지 않아도 되는 것이다.

초신성은 어떤 종류의 별이 진화하여 만들어졌는가에 따라 다양한 형태로 나타난다. 별의 스펙트럼 관측이 가능해진 이후 천문학자들은 스펙트럼 모양에 기초하여 초신성을 여러 종류로 분류해왔다. 우선 스펙트럼에 수소가 나타나지 않는 것을 I형, 수소가 나타나는 것을 II형으로 분류했다. 그리고 I형 중에서 규소가 많은 것을 Ia형, 헬륨이 많은 것을 Ib형, 규소와 헬륨 둘 다 나타나지 않는 것을 Ic형으로 분류했다. 천문학자들은 질량이 큰 별이 붕괴하여 폭발하는 초신성은 II형, Ib형, Ic형 초신성을 이룬다는 사실을 알아냈다. 이렇게 폭발하는 초신성은 그 초신성이 포함되어 있는 은하 전체의 밝기와 맞먹을 정도로 밝기 때문에 아주 멀리서도 관측이 가능하다. 그래서 천문학자들은 이런 초신성을 이용하여 은하까지의 거리를 측정할 수 있는 방법을 찾기 위해서 많은 노력을 했다.

어떤 별을 거리를 측정하는 표준 광원으로 삼기 위해서는 세페이드 변광성처럼 그 별의 실제 밝기를 알아내는 일이 선행되어야 한다. 하지만 이렇게 질량이 큰 별이 폭발하는 초신성은 폭발할 때의 질량이 모두 다르기 때문에 밝기가 일정하지 않아서 거리 측정의 도구로 사용하기에는 어려움이 많다. 그런데 천문학자들에게는 너무나 다행스럽게도 거리를 측정하는 도구로 사용할 수 있는 초신성이 존재한다. 그것은 바로 앞의 초신성들과는 전혀 다른 형태로 폭발하는 Ia형 초신성이다.

거리 측정의 열쇠, Ia형 초신성

백색왜성으로 생을 마감하는 별들이 핵융합이 일어나지 않는 데도 불구하고 중력에 의해 붕괴하지 않는 이유는 축퇴(縮退)에 의한 압력 때문이다. 백색왜성은 중력에 의해 수축하려는 힘과 축퇴에 의한 압력이 서로 균형을 이루고 있는 상태의 별이다. 전자들은 높은 압력을 받으면 에너지가 낮고 안정된 상태로 자리 잡으려는 경향이 있다. 그러나 전자를 포함한 모든 입자는 하나의 상태에 둘 이상이 동시에 존재할 수 없다. 이것을 '파울리의 배타 원리'(Pauli exclusion principle)라고 한다. 그러므로 안정된 상태에 자리 잡지 못한 전자들은 더 높은 에너지 상태에 남아 있을 수밖에 없게 되는데, 이런 상태에 있는 물질을 축퇴 상태에 있는 물질이라고 하고 이 전자들이 만들어내는 압력을 축퇴에 의한 압력이라고 한다.

그런데 이렇게 축퇴 상태에 있는 물질은 매우 특이한 성질을 가진다. 일반적인 물질은 보통 질량이 커지면 크기가 커지는데 축퇴 상태에 있는 물질은 질량이 커지면 오히려 작아진다는 것이다. 질량이 커지면 중력이 더 커져서 더 단단하게 뭉쳐져 작아지는 모습을 상상하면 된다. 그런데 물질의 크기가 무한히 작아질 수는 없으므로 질량도 무한히 커질 수는 없다. 그러므로 축퇴 상태에 있는 물질은 특정한 질량 한계를 가지게 된다. 결국 백색왜성은 특정한 질량 한계 이하로만 유지될 수가 있는데 이 값은 태양 질량의 약 1.4배로, 이것은 인도 출신의 천문학자 수브라마니안 찬드라세카르가 처음으로 계산했기 때문에 그의 이름을 따서 '찬드라세카르의 한계'라고 부른다.(R16) 진화를 거친 후 최종적으로 남은 질량이 태양 질량의 약 1.4배 이하가 되어야 백색왜성이 될 수 있다는 말인데, 별은 진화 과정에서 많은 양의 물질을 잃어버리기 때문에 실제로는 태양 질량의 약 여덟 배 이하인 별이 백색왜성으로 생을 마감하게 된다.

중력을 이기지 못하고 붕괴하는 별에 대한 구상은 1930년, 인도의 스무 살 천재 청년 찬드라세카르가 국비 유학생 자격으로 케임브리지로 향하던 배 안에서 이루어졌다. 1930년은 원자나 분자에 의해 산란하는 빛의 일부가 에너지를 잃으면서 파장이 변하는 라만 효과(Raman effect)를 발견한 공로로 인도 출신 물리학자 찬드라세카라 라만 경(Sir

Chandrasekhara Venkata Raman)이 노벨 물리학상을 수상한 해이다. 라만은 아시아 최초이자 백인이 아닌 사람으로도 최초로 노벨 과학상을 수상한 인물로 그는 찬드라세카르의 삼촌이 기도 하다. 찬드라세카르는 열다섯 살에 이미 인도의 4대 명문대학의 하나인 프레지던시 대학에 합격했고, 물리학 코스를 수석으로 졸업했다. 그는 1929년에 불확정성의 원리를 발견하여 스물여덟 살에 이미 유명 인사가 된 독일의 물리학자 하이젠베르크(Werner Karl Heisenberg)가 인도를 방문했을 때 그를 안내하기도 했다.

하지만 여전히 인종차별이 심했던 당시 영국에서 중력으로 붕괴하는 별이라는 그의 아이디어는 쉽게 인정받지 못했다. 1930년대의 지배적인 이론은 모든 별은 연료를 다 태우면 백색왜성으로 생을 마친다는 것이었다. 그런데 찬드라세카르는 태양 질량의 1.4배 이상인 백색왜성은 존재할 수 없으며, 이런 경우에는 "다른 가능성을 생각해봐야 하는" 엄청난 밀도의 물체가 될 수 있다고 주장한 것이다. 현재 찬드라세카르가 의미한 엄청난 밀도의 중성자별과 블랙홀은 실재하고 있다는 사실이 밝혀졌을 뿐만 아니라 천문학에서 가장 중요한 연구 주제가 되었지만 당시로서는 쉽게 받아들일 수 있는 이론이 아니었다.(R17)

특히 당대 최고의 과학자로 인정받던 아서 에딩턴 경은

공개적인 자리에서 그를 비난했는데 이 사건으로 찬드라세카르는 영국을 떠나기로 결심하게 된다. 에딩턴은 1919년 태양에 의해 별빛이 휘는 현상을 관측하여 아인슈타인의 일반 상대성 이론을 최초로 증명한 과학자로, 1920년대에는 세실리아 페인을 비롯한 많은 젊은 과학자들을 고무하기도 하지만 찬드라세카르를 만났을 당시인 1930년대 중반에는 너무 나이가 들었던 것 같다.

찬드라세카르는 1937년에 미국 시카고 대학으로 가서 다른 여러 대학의 초빙을 모두 거절하고 평생 그곳에서 일했다. 그는 별의 구조, 백색왜성, 블랙홀, 중력파 등 다양한 분야에서 중요한 업적을 남겼고, 그 공헌의 결과로 1983년에 노벨 물리학상을 수상했다. 1999년에 NASA에서 발사한 X선 우주망원경은 그의 이름을 따서 '찬드라 X선 망원경'이라고 명명했다.

1944년 에딩턴은 영국 왕립협회 회원 선출 선거에서 찬드라세카르를 추천하기도 했고, 노벨상을 수상하기 한 해 전인 1982년에는 케임브리지 대학에서 그를 초청해 에딩턴 탄생 100주년을 기리는 기념 강연을 의뢰하는 등 둘 사이에 화해가 이루어지는 모양새가 갖춰지긴 했다. 하지만 찬드라세카르가 완전히 마음을 푼 것 같지는 않다. 그 기념 강연에서 그는 이렇게 말했다.

<그림 II-14> 노벨 물리학상을 수상할 당시의 찬드라세카르. © University of Chicago

"애석하게도 이 강연은 그다지 즐거운 분위기가 되지 못하고 에딩턴의 여러 오류를 분석하는 선에서 끝날 것입니다. 저는 이해하기 어려웠습니다. 어째서 에딩턴은 일반 상대성 이론을 줄곧 지지하면서도 별의 자연스러운 진화로 인한 결과로 블랙홀이 생성될 수 있다는 결론을 받아들이지 않았을까요?"

1995년 찬드라세카르가 세상을 떠났을 때 물리학자 한스 베테는 《네이처》에 쓴 추도문에서 에딩턴의 행동에 대해 그에게 이해를 구하고자 했다.

에딩턴이 평생 전념했던 연구 목표는 모든 별은 질량에 관계없이 하나의 안정된 형태를 갖추고 있다는 것을 증명하는 것이었다. 백색왜성이 별의 마지막 진화 단계에 해당하며 에너지를 완전히 사용한 후의 모습이라는 사실은 누구나 인정하고 있다. 백색왜성의 질량이 어째서 한계가 있어야 하겠는가?(R18)

시카고 대학에서 찬드라세카르의 교육에 대한 남다른 열정은 유명했다. 1940년대에 그는 시카고 대학이 건설한 여키스 천문대(Yerkes Observatory)가 있는 위스콘신에서 시카고의 대학까지 매주 왕복 300킬로미터를 운전해 별의 대기에 대한 강의를 했다. 눈보라가 엄청났던 어느 날 그는 주변 사람들의 만류를 뿌리치고 수업을 하기 위해 대학으로 향했다. 그날 수업에는 중국인 유학생 두 명만이 참석했다. 그 두 사람은 나중에 입자물리학에 대한 이론으로 1957년 노벨 물리학상을 수상한 양전닝(Zhen Ning Yang)과 리정다오(Zheng Dao Li)다.(R17)

최종 질량이 찬드라세카르의 한계 이하인 별은 백색왜성이 되어 서서히 식어간다. 백색왜성의 핵은 탄소와 산소, 혹은 질량이 아주 클 경우에는 산소, 네온, 마그네슘으로 이루어져 있다. 백색왜성의 핵은 아직 타지 않은 연료로 되어 있기 때문에 폭탄과 같은 잠재력을 갖고 있다. 하지만 마치 다이너마이트와 같이 점화되지 않으면 절대 폭발하지 않고 그대로 식어갈 것이다.

그런데 만일 이 백색왜성의 이웃에 다른 별이 있다면 이야기가 달라진다. 백색왜성이 적색 거성과 쌍성을 이루고 있다면 적색 거성에서 방출되는 물질이 백색왜성으로 끌려 들어가게 된다.(컬러 삽화 3, 9쪽) 이웃별에서 끌려온 물질이 백색왜성에 계속 쌓여 백색왜성의 질량이 찬드라세카르의 한계를 넘어가게 되면 백색왜성의 축퇴에 의한 압력은 중력을 견디지 못하고 붕괴하여 폭발하게 된다. 이것을 'Ia형 초신성'이라고 한다.

Ia형 초신성은 질량이 큰 별에서 만들어지는 초신성과는 달리 찬드라세카르의 한계를 막 넘은 상태에서 폭발하기 때문에 폭발할 때의 질량이 거의 일정하다. 그러므로 당연히 밝기도 거의 일정해서 표준 광원이 될 수 있는 완벽한 조건을 갖추게 되는 것이다. Ia형 초신성은 질량이 큰 별에서 만들어지는 초신성과는 스펙트럼의 모양이 분명히 달라서 명확하게 구별해낼 수도 있다. 더구나 밝기도 은하 하나 전체와 맞먹을 정도이고, 가장 밝은 세페이드 변광성보다 10만 배나 더 밝기 때문에 멀리 있는 은하까지의 거리를 측

정하는 데 이보다 더 좋은 도구는 찾기 어려울 것이다. 우
주 가속 팽창의 발견은 바로 이 Ia형 초신성의 관측에서부
터 시작된 것이다.

초신성 탐색을 시작하다

　멀리 있는 초신성 관측을 본격적으로 시작한 곳은 솔 펄머터가 근무하던 로런스 버클리 실험실(Lawrence Berkeley Laboratory, LBL)이다. LBL이 초신성 관측을 시작하게 된 데에는 재미있는 역사가 있다. LBL은 오랫동안 입자가속기를 이용한 여러 가지 실험 덕분에 입자물리학으로 유명한 곳이다. 특히 가속한 입자들을 충돌시켜 핵융합 반응을 일으켜 버클리움(berkelium, 버클리 대학의 이름을 딴 것)과 캘리포늄(californium, 버클리 대학이 위치한 캘리포니아의 이름을 딴 것)을 만들어 낸 곳이기도 하다. 하지만 입자가속기의 크기가 점점 커지면서 입자물리학의 중심은 더 새롭고 더 발전된 입자가속기를 보유한 스탠포드 대학과 시카고의 페르미 연구소(Fermi National Accelerator Laboratory)를 거쳐 지금은 스위스의 제네바에 있는 유럽 입자물리 연구소(CERN)로 옮겨가게 되었다.

　하지만 LBL은 그 이후에도 입자물리학이 아닌 새로운

분야에서 여전히 중요한 역할을 했는데, 1970년대 이후부터는 천체물리학도 그중 중요한 하나가 되었다. LBL의 설립자인 어니스트 로런스(Ernest Lawrence)와 그의 동료이자 입자물리학 연구로 1968년 노벨 물리학상을 수상한 루이스 앨버레즈(Luis Alvarez)가 천문학에 특별히 관심이 많았기 때문이다. 앨버레즈는 지질학자들과 함께 6천 5백만 년 전에 일어난 공룡의 대멸종에 대해서도 연구했다. 1980년대 초반에는 그의 아들인 월터 앨버레즈(Walter Alvarez), 그리고 물리학자인 리처드 멀러(Richard Muller)와 함께 운석의 충돌에 의해 공룡이 멸망했을 것이라는 가설을 최초로 제안하기도 했다.

운석 충돌설은 현재 공룡의 멸종 원인으로 가장 유력한 가설로 받아들여지고 있지만, 제안 초기에는 큰 지지를 받지 못했다. 그래서 앨버레즈의 가까운 동료였던 리처드 멀러는 1980년대에 운석 충돌설을 뒷받침하기 위한 새로운 가설을 제안했다. 태양이 사실은 쌍성이며 어두운 적색왜성을 동반성으로 가지고 있다는 것이었다. 이 동반성은 지구에서 큰 규모의 멸종이 주기적으로 일어나는 2천 6백만 년을 주기로 긴 타원 궤도를 그리며 태양의 주위를 돈다. 이 동반성이 태양에 가까이 다가오면 혜성들의 궤도에 변화를 일으켜 많은 혜성이 태양 가까이로 쏟아져 결과적으로 지구에도 대규모 운석 충돌이 일어나게 된다는 것이다. 멀러는 이 태양의 동반성에 '네메시스'(Nemesis)라는 이름을 붙였다.

네메시스는 그리스 신화에 나오는 복수의 여신으로, 인간의 한계를 넘어서려는 오만을 처벌한다. 네메시스는 본래 '분배'를 뜻하며, 과거 공동체 사회에서 생산물을 사람들에게 고루 분배하던 선한 신이었다. 그런데 사람들이 생산물을 불평등하게 나누게 되자 네메시스의 직분이 달라졌다. 일한 만큼 분배받지 못한 사람들은 지나치게 많은 재산을 가진 자들에게 네메시스의 복수가 가해지리라 믿게 되었다. 공룡을 멸종시킨 것과 같은 수준의 운석들이 지구로 쏟아지게 된다면 인류도 생존을 위협받을 수밖에 없다. 오만한 인간에 대한 신의 복수로 생각할 수도 있을 것이다.

이 가설의 지질학적 증거를 찾기 위해 연구를 진행하던 멀러는 이 네메시스를 실제로 발견할 수도 있지 않을까 생각했다. 네메시스가 실재한다면 태양에서 가장 가까이 있는 별이기 때문에 시차에 의해 하늘에서 위치가 가장 크게 변하는 별로 관측될 것이다. 멀러는 최근의 대규모 멸종이 1억 1천만 년 전에 일어났다는 사실에 기초하여 네메시스의 궤도 장반경이 1.5광년 정도 될 것이며, 지금은 히드라 별자리 근처에 있을 것이라고 예측했다. 하지만 현재 위치를 확신할 수는 없기 때문에 네메시스를 발견하기 위해서는 기본적으로 하늘 전체를 주기적으로 관측하여 시차에 의해 위치가 가장 크게 바뀐 별을 찾아내야 했다. 이를 위해 멀러는 동료들과 함께 자동으로 망원경을 움직이고 관측 자료를 분석하는 새로운 컴퓨터 프로그램을 개발하여 버클리 대학의 루쉬너 천문대(Leuschner Observatory)에 있는 망원경에 설치했다. 이 프로그램은 성공적으로 작동했지만 네메시스를 발견하지는 못했다.(R19)

하지만 멀러는 새롭게 개발된 이 프로그램을 다른 연구에도 이용할 수 있다는 사실을 깨달았다. 외부 은하에서 일어나는 초신성 폭발을 찾아내는 것이었다. 우리 은하나 우리 은하 근처에서 일어나는 초신성 폭발은 매우 밝아서 어렵지 않게 발견할 수 있다. 하지만 다른 은하에서 일어나는 초신성 폭발은 망원경을 이용해야만 볼 수 있기 때문에 발견하기가 쉽지 않다. 그리고 초신성 폭발은 언제 어디에서 일어날지 예측할 수 없다. 그래서 초신성 폭발을 관측하기 위해서는 하늘 전체를 주기적으로 관측하여 새로운 별이 나타났는지를 찾아내야 한다. 이 과정은 네메시스를 발견하는 과정과 거의 동일하므로 멀러가 개발한 프로그램을 사용할 수가 있었던 것이다. 멀러의 프로그램은 네메시스를 발견하는 데에는 실패했지만 외부 은하에서의 초신성을 발

<그림 III-1> 루쉬너 천문대에 새롭게 설치할 망원경 자동화 작업을 하고 있는 솔 펄머터(왼쪽)와 리처드 멀러.(R24)

견하는 데에는 상당한 성공을 거두었다. 약 25개의 초신성을 발견했고, 1980년대 중반에는 자동 초신성 탐색 연구가 LBL의 대표 분야로 자리 잡게 되었다. 20대 중반의 물리학자 솔 펄머터가 멀러 팀에 합류한 것은 바로 이 시기였다.

'초신성 우주론 프로젝트 팀'의 구성

솔 펄머터는 하버드 대학에서 물리학을 전공했다. 그의 관심은 입자물리학과 연관된 실험에 있었다. 대학원을 버클리로 진학한 이유도 그곳이 입자물리학으로 잘 알려진 곳이어서였다. 하지만 입자물리학 실험과 관련된 연구는 대부분 너무나 규모가 크고 시간도 오래 걸린다. 좀 더 작은 규모의 프로젝트를 찾던 펄머터는 멀러가 이끄는 천문학 그룹을 알게 되었다. 멀러의 과학적 상상력과 유연성, 그리고 천문학 그룹의 자유로운 분위기에 끌린 펄머터는 그의 그룹에 참여하여 천문학 연구를 시작했다. 펄머터의 연구 주제는 가상의 별 네메시스를 찾기 위한 망원경 자동화와 관련된 것이었다. 멀러를 지도교수로 하여 박사학위를 받은 펄머터는 멀러의 그룹에서 박사 후 연구원으로 연구를 계속했다.

천문학 그룹만의 자유로운 분위기는 어디나 같을 거라고

생각한다. 내가 대학 생활을 했던 1990년대 초반에도 천문학과는 다른 과에 비해 상당히 분위기가 자유로웠다. 당시만 해도 흔하게 존재하던 술자리에서의 '사발식' 같은 것도 전혀 없었고, 선배가 후배들에게 얼차려를 준다거나 하는 일은 상상할 수도 없었다. 예순에 가까운 원로 교수가 논문을 직접 복사하는 분위기였으니 더 말할 필요도 없을 것이다. 친구들끼리 가끔씩 하는 말이지만, 천문학과에 입학하는 사람들은 대부분 두 부류로 나뉜다. 부모님 뜻을 어기고 온 사람들이 한 부류, 부모님 간섭을 받지 않는 사람들이 또 한 부류다. 어느 집단보다도 '자유로운 영혼'이 많을 수밖에 없는 집단이다. 우리나라 천문학계가 많지 않은 인원으로도 세계적인 수준에 뒤지지 않는 연구 결과들을 내고 있는 것도 이 때문이 아닐까 생각한다.

1980년대 중반 초신성 관측이 주목받게 된 데에는 천문학에서 매우 중요한 두 가지 사건과 관련되어 있다. 먼저, 천문학자들이 초신성을 좀 더 잘 이해하게 되었다. 초신성을 거리 측정의 도구로 사용할 수 있는 가능성은 이미 1938년 월터 바데가 논문에서 제안했다.(R20) 초신성은 매우 밝기 때문에 먼 곳에서도 관측이 가능하다. 만일 초신성의 원래 밝기가 일정하기만 하다면, 가까이 있는 초신성은 더 밝게 보이고 멀리 있는 초신성은 더 어둡게 보일 것이기 때문에 거리 측정의 도구로 아주 이상적이다. 하지만 문제는 초신성의 원래 밝기가 일정하지 않다는 것이었다.

초신성의 밝기는 최대 두 배에서 세 배까지 차이가 났기 때문에 거리 측정 도구로 사용할 수가 없었다. 상대적으로 어둡게 보이는 초신성이 원래 어두운 것인지, 아니면 멀리 있어서 어둡게 보이는지 알 수가 없기 때문이다. 그런데 1980년대 중반 천문학자들은 백색왜성이 이웃별에서 물질을 공급받아 폭발하는 초신성을 Ia형 초신성으로 구별하기 시작했다. 앞에서 살펴본 바와 같이 이 초신성은 특별한 조건에서 만들어지기 때문에 원래 밝기가 거의 일정하다. 초신성이 거리 측정 도구로 사용될 수 있는 가능성이 더 커진 것이다.

1940년 바데와 함께 초신성을 연구하던 루돌프 민코프스키(Rudolph Minkowski)는 지금까지의 초신성들과는 달리 강한 수소선을 가지고 있는 초신성 SN 1940B를 발견하고 수소선이 없는 초신성을 I형, 수소선이 있는 초신성을 II형 초신성으로 분류했다.(R21) 초신성들이 모두 똑같은 종류가 아니라는 사실을 알아낸 것이다.

1960년대에 I형 초신성과 II형 초신성 사이의 물리적 차이를 제안한 사람들은 윌리 파울러(Willy Fowler)와 정상 상태 우주론을 주장했던 프레드 호일(Fred Hoyle)이다. 파울러와 호일은 I형 초신성은 백색왜성이 이웃별에서 물질을 공급받아 찬드라세카르의 한계를 넘기면서 폭발하는 초신성일 것이라고 제안했다. 백색왜성은 바깥층의 수소를 모두 잃어버린 상태이기 때문에 I형 초신성에서는 수소선이 나타나지 않는 것이다. 반면 큰 질량의 별이 붕괴하여 폭발하는 경우는 바깥쪽에 수소가 남아 있기 때문에 수소선이 관측된다는 것이다.

이들은 이 과정에서 별의 중심에서 여러 가지 무거운 원소들이 어떻게 만들어지는지를 연구했고, 그 공을 인정받아 파울러는 찬드라세카르와 함께 1983년에 노벨 물리학상을 받았다. 그런데 이 연구에서 주도적인 역할을 한 호일이 노벨상을 받지 못한 것은 이상한 일이었다. 쓴소리를 잘하는 호일은 1974년 휴이시가 노벨상을 받을 때 정작 펄사를 발견한 조슬린 벨이 노벨상을 받지 못한 것에 대해 한마디 한 적이 있다. 이 때문에 호일이 미운털이 박혀 노벨상 수상자 명단에서 빠졌을 것이라고 이야기하는 사람들도 있다. 노벨상 수상과 같은 중대한 일이 그런 사소한 일에 좌우될 리는 없겠지만, 매우 중요한 일이 놀라울 정도로 사소한 사건에 의해 결정되는 경우는 어디서나 종종 있는 일이긴 하다.

I형 초신성이 모두 백색왜성이 이웃별에서 물질을 공급받아 찬드라세카르의 한계를 넘기면서 폭발하는 초신성이

라면 폭발할 때의 질량이 같기 때문에 밝기가 거의 같아야 한다. 그런데 I형 초신성들의 밝기 차이는 너무나 컸다. 그리고 같은 종류의 초신성이라면 스펙트럼도 똑같아야 하는데, 수소선이 없다는 것은 같지만 몇몇 I형 초신성에서는 규소의 흡수선이 발견되지 않았다.

이 문제는 1985년, 당시 버클리 대학의 연구원 신분으로 있던 알렉스 필리펜코(Alex Filippenko)가 새로운 초신성인 초신성 SN 1985F를 발견하면서 해결되었다. 규소선이 없는 I형 초신성은 II형 초신성과 마찬가지로 질량이 큰 별의 핵이 붕괴하면서 만들어지는 초신성이었다. 단 이 초신성은 진화 과정에서 바깥층의 수소를 모두 항성풍으로 잃어버린 후이기 때문에 수소선이 나타나지 않았던 것이다.(R22)

필리펜코는 수소선이 나타나지 않는 초신성을 규소선이 있는 Ia형과 규소선이 없는 Ib형으로 구별했다. 그런데 물리학자의 관점에서 보면 이름을 이렇게 붙이는 것은 이해하기 힘든 일이다. 질량이 큰 별의 핵이 붕괴하여 만들어지는 초신성 Ib의 물리적인 메커니즘이 백색왜성이 물질을 공급받아 붕괴하는 Ia형보다는 단지 수소선이 없다는 것만 제외하면 II형 초신성과 더 유사하다. 그렇다면 이것은 Ib형이 아니라 IIb형이 되어야 하는 것이 아닌가?

그런데 천문학자들은 원래 그렇게 이름을 붙인다. 애초

에 I형과 II형은 수소선이 있느냐 없느냐로 구별한 것이지 그 메커니즘의 차이로 구별한 것이 아니기 때문이다. 천문학자들은 어떤 사건을 일으키는 원리가 아직 이해되지 않은 경우라 하더라도 관측되는 현상을 보이는 그대로 받아들이는 데 익숙하다. 민코프스키가 I형과 II형 초신성을 구별할 때는 둘 사이의 메커니즘 차이가 이해되기 전이었다. 지금은 여러 종류의 초신성의 메커니즘이 비교적 잘 이해되는 수준이다. 그렇지만 그 이해는 아직 불완전하고 어쩌면 미래에는 지금과 다른 방식으로 이해될지도 모른다. 하지만 I형 초신성에는 수소선이 없고 II형 초신성에는 수소선이 있다는 사실은 영원히 변하지 않는다.

Ib형 초신성의 발견은 당시 의문으로 남아 있던 한 가지 문제를 해결하기도 했다. 초신성이 폭발한 후에는 그 폭발의 흔적이 남게 되는데 이것을 '초신성 잔해'라고 한다. 우리 은하에는 많은 초신성 잔해가 남아 있고 그중에는 초신성 관측 기록이 남아 있는 것도 있다. 중국의 기록에 남아 있는 1054년에 나타난 초신성의 잔해는 게성운이라는 이름이 붙어 있고, 1572년의 튀코 초신성과 1604년의 케플러 초신성의 잔해도 지금 관측할 수 있다.

그런데 북쪽 하늘의 카시오페이아자리에서 발견된 카시오페이아 A라는 초신성의 잔해가 문제가 되었다. 이 초신성 잔해는 지금도 빠르게 팽창하고 있는데 그 팽창 속도를 이용하여 계산하면 대략 1670년 전후에 폭발한 것으로 보인다. 이것은 케플러 초신성보다 후대이고 카시오페이아자리는 북반구에서 아주 잘 보이는 위치에 있기 때문에 유럽이나 중국, 그리고 우리나라에서 분명히 관측할 수 있었을 것이다. 그리고 관측이 되었다면 어딘가에 기록이 남아 있어야 하는데 이 초신성에 대한 기록은 어디에도 없다.

그런데 만일 이 초신성이 Ib형 초신성이었다면 그것이 관측되지 않은 이유가 설명된다. Ib형 초신성은 바깥의 수소층이 모두 날아간 상태에서 폭발하기 때문에 어둡고 먼지에 가려져 있을 가능성이 크다. 그렇다면 맨눈으로는 관측되지 않을 수도 있다. 그래서 오랫동안 카시오페이아 A는 Ib형 초신성의 잔해인 것으로 여겨졌다.

그런데 최근 카시오페이아 A가 폭발한 빛에서 수소선이 발견되었다. 천문학자들은 놀랍게도 3백 년도 더 전에 폭발한 이 초신성에서 나온 빛이 성간물질에 반사되었다가 돌아온 것을 관측했다. 게다가 그 빛을 분광 관측까지 해서 수소선이 존재한다는 사실까지 밝혀낸 것이다.(R23)

수소선이 관측되었기 때문에 이 초신성은 Ib형 초신성이 아니다. 그래서 카시오페이아 A는 IIb형 초신성으로 분류된다. Ib형 초신성과 IIb형 초신성은 바깥의 수소층이 대부분 날아간 상태에서 폭발했다는 점에서는 거의 동일하다. 그러므로 초신성 폭발이 관측되지 않았던 이유에 대한 설명은 그대로 유효하다. 차이는 IIb형 초신성에는 약한 수소선이 관측된다는 것이다. 애초부터 수소선이 관측되는 것은 II형으로 분류했기 때문에 이것은 IIb형으로 분류되며, 결국 카시오페이아 A 초신성의 정체는 IIb형으로 드러났다. 폭발한 지 3백 년이 넘은 초신성의 빛까지 찾아내 그 정체를 밝혀내는 과학자들의 능력에는 감탄하지 않을 도리가 없다.(컬러 삽화 4~5, 10~13쪽)

1980년대 중반에 일어난 또 하나의 중요한 사건은 천체 관측에 CCD 카메라를 사용하게 된 것이다. CCD 카메라는 실리콘 칩에 빛을 쏘일 때 나오는 전자를 이용하여 상을 만드는 것으로, 매우 민감한 디지털 카메라라고 생각하면 된다. CCD 카메라의 발명은 천문학의 모든 분야에서 눈부신 발전을 이끌었고 지금은 스마트폰에 장착된 디지털 카메라의 형태로 일상생활에서 없어서는 안 될 도구가 되었다. 1969년에 CCD 카메라를 처음으로 만들어낸 벨 연구소의 윌러드 보일(Willard S. Boyle)과 조지 스미스(George E. Smith)는 그 공로로 2009년에 노벨 물리학상을 수상하였다.

CCD 카메라는 그때까지 천체 관측에 사용되던 사진 건판보다 훨씬 더 어두운 별을 관측할 수 있기 때문에 멀리 있는 초신성을 관측하는 데 아주 좋은 도구였다. 그리고 CCD 카메라는 영상을 디지털로 얻어 컴퓨터를 이용하여 영상을 처리할 수 있어 관측 자료를 자동으로 분석하는 데에도 훨씬 유리했다. 예를 들어 사진 건판으로 초신성을 발견하기 위해서는 같은 영역을 관측한 자료들을 비교하여 새롭게 나타난 별을 찾아내야 한다. 하지만 디지털 영상은 컴퓨터로 처리할 수 있기 때문에 나중에 얻은 영상에서 처음 얻은 영상을 빼는 일을 할 수가 있다. 만일 나중 영상에 초신성이 있다면 처음 영상에서 이 영상을 뺀 영상에서는 초신성만 남고 나머지 천체는 모두 사라지게 될 것이다. 그러므로 초신성을 훨씬 더 쉽게 발견할 수 있게 된다.(그림 III-2) 펄머터가 동료인 칼 페니패커(Carl Pennypacker)와 함께 멀러의 그룹에서 맡은 일이 바로 나중 영상에서 처음 영상을 빼서 초신성을 찾아내는 소프트웨어 개발이었다.

1980년대 후반에서 1990년대 초반 사이에 멀러의 그룹은 20여 개의 초신성을 발견했다.(R25) 하지만 모든 초신성은 우리 은하에서 수억 광년 이내의 가까운 은하에 있는 것들이었다. 펄머터와 페니패커의 관심사는 초신성을 이용하여 우주의 팽창 속도가 어떻게 변해왔는지를 알아내는 것이었다. 그러기 위해서는 현재 우주의 팽창 속도와 과거 우주의 팽창 속도를 구해서 비교해야 한다. 현재 우주의 팽창

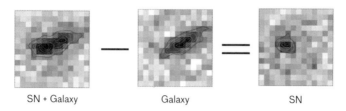

| SN + Galaxy | Galaxy | SN |

<그림 III-2> 초신성과 은하가 함께 관측된 영상에서 이전에 관측해둔 은하의 영상을
빼면 초신성만 남게 된다.(R24)

속도는 가까운 은하들을 이용하여 알 수 있지만 과거 우주
의 팽창 속도를 구하기 위해서는 멀리 있는 은하들에 있는
초신성을 관측해야 한다.

펄머터와 페니패커는 자신들의 시스템을 이용하여 멀리
있는 은하들에서 초신성을 관측할 수 있을 거라고 생각했
다. 멀러의 적극적인 지원을 받은 펄머터와 페니패커는 희
망적으로 '초신성 우주론 프로젝트'(Supernova Cosmology Project)
를 시작했다. 이 팀의 초기 구성원은 리처드 멀러, 거슨 골
드하버(Gerson Goldhaber), 칼 페니패커, 솔 펄머터, 그리고 대
학원생인 하이디 마빈(Heidi Marvin)이었다. 그런데 1991년부
터 멀러는 빙하기와 기후 변화 경향에 대한 연구로 관심을
돌렸고, 페니패커는 과학교육에 대부분의 시간을 투자하

<그림 III-3> 칼 페니패커(왼쪽)와 솔 펄머터. 거슨 골드하버(오른쪽)(R24)

기 시작했기 때문에 이 팀에는 골드하버와 펄머터, 대학원
생인 하이디 마빈과 알렉스 킴(Alex Kim)만이 남게 되었다. 그
리고 훨씬 더 연장자였던 골드하버의 지지로 펄머터가 이
팀의 리더가 되었다.(골드하버는 펄머터의 노벨상 수상 장면을 보지 못하고
2010년 86세의 나이로 세상을 떠났다.)

　이 프로젝트의 목표는 명확했다. 과거 우주의 팽창 속도
를 측정하는 것이었다. 당시 모든 천문학자들은 우주의 팽
창 속도가 점점 느려질 것이라고 생각했다. 우주 내부에 있
는 물질과 에너지의 중력이 팽창하는 우주를 끌어당기고
있기 때문에 당연히 그렇다고 생각할 수밖에 없었다. 문제
는 느려지는 비율이 어느 정도인가 하는 것이었다. 내부 물
질과 에너지의 중력이 강하다면 팽창 속도가 느려지는 비

율이 클 것이고, 약하다면 작을 것이다. 그러므로 우주의 팽창 속도가 느려지는 비율을 측정하면 우주 내부 물질과 에너지의 밀도를 알아낼 수 있고 우주의 팽창 속도가 어떻게 변해왔는지도 알아낼 수 있다. 이제 멀리 있는 초신성을 충분히 발견하기만 하면 되는 일이었다.

목표가 명확하고 방법도 단순하지만, 펄머터는 이 프로젝트가 생각만큼 그렇게 간단한 일이 아니라는 것을 금방 알아차렸다. 이 프로젝트를 완수하기 위해서는 적어도 수십억 광년 떨어진 곳에서 충분한 수의 초신성을 발견해야만 한다. 멀리 있는 천체들에서 오는 빛은 우주 팽창에 의해 파장이 길어지는 적색편이가 일어난다. 그래서 보통 천문학자들은 아주 멀리 있는 천체들에 대해 이야기할 때에는 적색편이가 얼마인지를 따진다. 적색편이가 클수록 멀리 있는 천체다. 우주 팽창 속도의 변화를 알기 위해서는 최소한 적색편이의 값이 0.3 이상 되는 초신성을 관측해야 한다. 하지만 이 과정에는 몇 가지 중요한 기술적인 문제가 있다.

우선 이렇게 멀리 있는 초신성을 발견하는 것 자체가 가능한가 하는 문제다. 과거 우주의 팽창 속도를 알지 못했기 때문에 과연 얼마까지 멀리 있는 초신성을 관측해야 만족할 만한 결과를 얻을 수 있을지, 그리고 그 초신성의 밝기는 얼마나 될지 당시로서는 알 수가 없었다. 그리고 초신성은 폭발했다가 금방 어두워지기 때문에 밝기가 계속 변하는데, 거리를 구하기 위해서는 초신성이 가장 밝을 때의 밝기를 구해야만 한다. 초신성을 발견했다고 하더라도 이미 최대 밝기를 지나 어두워지고 있는 중이라면 아무 소용이 없다.

일반적으로 초신성은 은하 하나에서 약 100년에 하나씩 나타나는데, 이렇게 나타난 초신성은 수주일 단위로 밝아졌다가 어두워져버린다. 그 얼마 되지 않는 시기를 놓쳐버리면 그 은하에서는 다시 100년을 기다려야 한다는 뜻이다. 여유 있게 관측하여 자세하게 분석할 수 있는 시간이 없는 것이다. 언제 어디서 나타날지도 모르는 데다 나타났다가 금방 사라져버리는 어두운 별을 적절한 시기에 발견해내는 것은 쉬운 일이 아니다.

이런 직접적인 어려움 외에도 그렇게 어두운 초신성의 빛을 분석하여 Ia형 초신성이라는 것을 과연 알아낼 수 있을지, 성간 먼지들 때문에 밝기가 더 어두워지지는 않았을지, 수십억 년 전의 초신성이 최근의 초신성과 물리적 성질이 똑같은지와 같은 더 복잡한 문제들도 있다. 하지만 이런 모든 문제는 일단 멀리 있는 초신성을 발견하지 못한다면 고민할 필요도 없다.

그러던 중, 드디어 멀리 있는 Ia형 초신성이 최초로 발견되었다. 그런데 그 발견은 초신성 우주론 프로젝트 팀에 의해 이루어진 것이 아니다.

누가 더 좋은 망원경을
더 오래 사용하는가

　1980년대 후반, 덴마크의 천문학자들을 중심으로 영국과 오스트레일리아의 천문학자들이 수년간의 초신성 탐색 끝에 1988년, 적색편이 값 0.31로, 0.3을 넘는 최초의 Ia형 초신성을 발견했다.(R26) 하지만 이 발견은 이 일이 결코 쉬운 일이 아니라는 사실을 다시 한 번 보여주는 것이었다.

　수년간의 노력 끝에 그들이 발견한 초신성은 단 하나였으며 그마저도 이미 최고 밝기를 지나 어두워지고 있었다. 그들은 자신들이 발견한 초신성과 비슷한 초신성을 몇 십 개만 더 발견하면 우주의 팽창 속도를 알아낼 수 있다는 사실을 알고 있었다. 하지만 지금까지의 성과를 놓고 계산해 보면 그만큼의 초신성을 발견하기 위해서는 앞으로 수십 년을 관측해야 한다는 결론이 나왔다. 그 기간을 줄이기 위해서는 더 좋은 망원경을 이용할 수 있어야 했다.

　사실 천문학 연구에서 가장 중요한 것은 얼마나 좋은 망원경을 얼마나 오랫동안 사용할 수 있느냐 하는 것이다. 천문학계에서는 새로운 망원경으로 새로운 대상을 관측할 때마다 새로운 결과가 나오는 것을 당연하게 여긴다. 그 결과는 이론적으로 예측한 것을 확인시켜주는 것이기도 하고 전혀 예측하지 못한 새로운 것일 수도 있다. 어쨌든 확실한 것은 더 좋은 망원경을 이용하면 더 좋은 연구 성과를 얻을 가능성이 훨씬 더 높아진다는 사실이다. 그러므로 전 세계 천문학자들이 더 좋은 망원경을 만들기 위해 노력하는 것은 너무나 당연한 일이다. 그리고 그런 훌륭한 망원경을 먼저 만들 능력이 되는 나라의 연구자들이 연구에서 앞서 나가는 것 역시 당연하다.

그런데 천문학계에는 다른 여타 학계와는 다른 특이한 전통이 있다. 대부분의 망원경은 그 망원경을 소유한 특정 국가나 그룹이 독점해서 사용하는 것이 아니라 망원경 사용 가능 시간의 최소한이라도 누구든지 사용할 수 있도록 기회를 준다는 것이다. 보통 1년 단위로 그 망원경을 사용하고 싶어 하는 모든 천문학자들을 대상으로 망원경 사용 제안서를 받는다. 신청자의 국적이나 소속에 제한은 없다. 심사를 통해 선정된 제안자에게는 망원경을 사용할 수 있는 권리를 준다.

게다가 망원경을 사용할 권리를 얻지 못한 사람이라도

그 망원경에서 얻은 자료를 이용할 수 있다. 대부분의 망원경은 그 망원경에서 얻은 자료를 1년에서 2년 후에는 인터넷을 통해 누구나 사용할 수 있도록 공개하기 때문이다. 그러므로 원칙적으로 전 세계 모든 천문학자는 세계 최고의 망원경으로 얻은 자료를 얼마든지 이용하여 연구할 수 있다. 나도 박사학위 논문을 쓸 때 하와이 마우나케아(Mauna Kea)에 있는 캐나다-프랑스-하와이 망원경(Canada-France-Hawaii Telescope, CFHT)을 이용했고, 그 망원경으로 관측하지 못한 영역은 공개된 허블 우주망원경 자료를 이용하여 자료를 완성했다.

그러나 사실 처음 관측을 할 때는 특정한 목표를 두고 하게 되고 공개되기 전에 대부분 그 목표에 필요한 자료 분석을 끝내기 때문에 실제로 공개 자료를 이용하여 선구적인 연구를 하기는 쉽지 않다. 그래서 공개 자료는 새롭게 얻은 자료를 재확인하거나 부족한 부분을 보완하는 데 사용하는 경우가 많다. 그리고 다른 나라의 망원경을 사용하기 위해서는 높은 경쟁률을 뚫어야 하는데 이 또한 쉽지 않다. 그러므로 남들보다 앞선 연구를 하기 위해서는 우선적으로 사용할 수 있는 망원경을 보유하는 것이 유리하다는 사실은 여전히 유효하다.

우리나라가 보유한 최대의 망원경은 1996년에 건설된

<그림 III-4> 2020년에 완성될 거대 마젤란 망원경의 예상도. 직경 8.4미터 거울 7장이 모여서 직경 25미터의 망원경으로 만들어진다.

직경 1.8미터의 보현산 망원경이다. 바로 1만 원권 지폐 뒷면에 있는 망원경이다. 현재 하와이의 마우나케아에는 직경 10미터의 켁(Keck) 망원경을 비롯한 대형 망원경이 즐비하다. 일본은 이곳에 직경 8미터의 스바루(Subaru) 망원경을 가지고 있다. 보현산 망원경은 이 망원경들에 비하면 소형에 가깝다. 하지만 현재 칠레에 건설 중인 직경 25미터의 거대 마젤란 망원경(Giant Magellan Telescope, GMT)은 우리나라가 10퍼센트의 지분을 투자한 망원경으로 2020년에 완성될 예정이다.(그림 III-4) 이 망원경이 완성되면 1년에 한 달 정

도는 우리나라 천문학자들이 사용할 수 있으므로 우리나라 천문학 발전에 큰 역할을 할 것으로 기대된다.

1990년에 발사된 허블 우주망원경은 우주망원경 최초로 관측 시간을 국적과 소속에 관계없이 전 세계적인 경쟁을 통해 모두에게 공개적으로 제공했다. 최초로 멀리 있는 Ia형 초신성 발견에 성공한 덴마크의 천문학자들은 추가 발견을 위해 곧 발사될 예정인 허블 우주망원경에 사용 제안서를 제출했다. 그러나 제안서가 심사를 통과하지 못하자 그들은 너무나 오랜 시간과 노력이 필요할 것이 분명한 초신성 발견에 더 이상 흥미를 느끼지 못하고 천문학의 다른 분야로 관심을 돌려버렸다.

10월 9일은 우리나라의 한글날이지만 미국에서는 리프 에릭슨의 날이다. 리프 에릭슨(Lief Ericsson)은 콜럼버스보다 500년 앞서 북아메리카에 도착한 바이킹이었다. 그러니까 정확하게 말하면 아메리카 대륙을 처음 발견한 유럽인은 콜럼버스가 아니다. 하지만 대부분의 사람들은 콜럼버스가 아메리카 대륙을 발견한 것으로 알고 있고 리프 에릭슨이라는 이름은 들어보지 못했을 것이다. 바이킹들은 시대를 너무 앞섰던 것이다. 똑같은 일이 바이킹의 후예 천문학자들에게도 일어난 것이다.

초신성, 확실한 표준 광원이 되다

초신성은 거리 측정 도구로 사용될 가능성은 충분히 컸지만 펄머터 그룹이 열심히 초신성을 찾고 있을 때에도 아직 확실한 '표준 광원'으로 인정받지는 못했다. 하지만 1993년, 칠레의 체로 토로로 천문대(Cerro Tololo Inter-American Observatory, CTIO)에서 근무하던 미국인 천문학자 마크 필립스(Mark Phillips)의 논문이 발표되자 상황이 완전히 달라졌다.(R27)

Ia형 초신성은 백색왜성이 동반성에서 물질을 공급받아 태양 질량의 1.4배가 넘어가면 그 무게를 견디지 못하고 붕괴하여 폭발하는 초신성이다. 이렇게 단순한 메커니즘이라면 이 초신성은 태양 질량의 1.4배를 넘는 순간 폭발하기 때문에 폭발할 때의 질량이 모두 같고, 따라서 그 밝기도 모두 같아야 한다. 그런데 문제는 이 Ia형 초신성의 밝기가 모두 같지 않다는 것이었다. 특히 타원은하 NGC 4374에서

1957년에 발견된 초신성과 1991년에 발견된 초신성은 밝기가 무려 10배나 차이가 났다. 이 두 초신성은 같은 은하에 포함된 Ia형 초신성들이므로 거리가 같기 때문에 당연히 밝기가 같아야 하는데 이렇게 큰 차이가 난다는 것은 원래 밝기가 같지 않다는 것을 의미한다.

Ia형 초신성의 밝기가 이론과는 달리 실제로는 일정하지 않다는 사실은 이전부터 알려져 있었다. 이렇게 이론적인 원인을 찾기 어려운 현상일 경우, 천문학자들은 경험적인 결과를 찾아내려고 시도하게 된다. 초신성의 밝기가 일정하지 않다면 이 밝기가 다른 어떤 값과 관련이 있는지 찾아내는 것이다. 이런 시도의 하나로 1977년, 러시아의 천문학자 츠코프스키(Pskovski)는 초신성의 최대 밝기가 초신성이 어두워지는 속도와 연관이 있다는 의견을 제시했다.

최대 밝기가 어두운 초신성일수록 더 빨리 어두워진다는 것이다. 하지만 그의 주장은 그가 사용한 초신성 관측 자료들이 그 초신성이 소속된 은하들에서 나오는 빛에 오염되어 얻어진 잘못된 결과임이 밝혀졌다.(R28)

하지만 밝기가 어두운 초신성이 더 빨리 어두워지는 경향성은 분명히 있어 보였다. 그래서 마크 필립스는 츠코프스키의 제안을 다시 한 번 확인해보기로 했다. 그는 관측이 아주 정확하게 잘되고, 밝기 변화가 잘 나타나며, 초신성을

포함하고 있는 은하까지의 거리가 잘 결정된 9개의 Ia형 초
신성에 대한 자료를 수집했다. 그리고 최대 밝기와 어두워
지는 속도 사이의 관계를 구했다. 그런데 최대 밝기는 주어
진 자료를 그대로 사용하면 되지만 어두워지는 속도를 어
떤 값으로 결정할 것인가가 문제였다. 초신성은 보통 폭발
후 급격하게 최대 밝기가 되었다가 약 25일에서 30일 동안
지속적으로 어두워진다. 여러 번의 시험 끝에 마크 필립스
는 15일 동안의 밝기 변화가 어두워지는 속도를 알려주는
가장 좋은 값이라는 결론을 내리고, 최대 밝기와 15일 동안
어두워진 밝기인 $\Delta m_{15}(B)$의 관계를 구했다. 그는 그 결과
를 그래프로 그렸다.(그림 III-5)

　〈그림 III-5〉의 Y축은 각각 B, V, I필터를 이용한 관측에
서 구한 초신성의 최대 밝기이고, X축은 15일 동안 B필터
에서 등급이 변화한 값이다. 밝기 등급은 숫자가 작을수록
밝기 때문에 그래프의 Y축에서 위쪽에 있는 것이 밝은 것
이고, X축에서 오른쪽에 있는 것이 밝기의 변화가 큰 것이
다. 이 그래프에서 초신성의 최대 밝기와 밝기의 변화 사이
에 분명한 연관 관계가 있는 것을 볼 수 있다. 최대 밝기가
밝은 것은 밝기의 변화가 작고(그래프 왼쪽 위) 어두운 것은 변
화가 크다.(오른쪽 아래) 밝은 초신성은 15일 동안 조금만 어두
워지고, 어두운 초신성은 더 많이 어두워진다는 뜻이다. 이

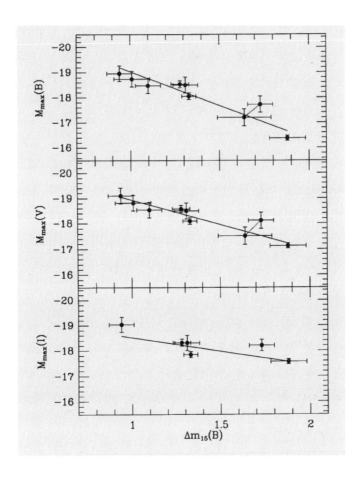

<그림 III-5> 9개 초신성의 최대 밝기와 15일 동안 어두워진 밝기 사이의 관계 그래프. 최대 밝기가 밝을수록(등급 값이 작을수록) 밝기 변화가 작은 것을 볼 수 있다.(R27)

결과를 보면 똑같은 Ia형 초신성이라도 밝기가 모두 같지는 않은 것이 분명하다. 하지만 15일 동안 어두워지는 정도만 관측한다면 그 초신성의 원래 밝기가 얼마인지 알 수 있다. 그러므로 Ia형 초신성을 거리 측정의 도구로 사용하는데 아무런 문제가 없게 된 것이다.

그런데 아마도 독자들 중에는 이렇게 불확실해 보이는 자료만으로 어떻게 이런 결론을 내릴 수 있는지 의아해하는 분들도 있을 것이다. 그래프에 나온 자료들은 오차도 크고 이용한 초신성의 수도 9개밖에 되지 않는데 말이다. 하지만 앞에서 허블의 관측 결과를 설명할 때도 설명했지만 자료 분석에서 중요한 것은 경향성이다. 마크 필립스는 관측이 아주 잘된 초신성들만을 사용했고, 그 자료들이 뚜렷한 경향성을 보이기 때문에 그 결과는 충분히 의미 있는 결과가 된다. 물론 이 자료들만으로 Ia형 초신성을 '표준 광원'으로 확정하기는 아직 부족하다. 마크 필립스 자신도 더 정확한 결론을 위해서는 추가 검증이 필요하다고 논문에 적고 있다. 이후 그의 결과는 다른 연구자들에 의해 충분히 검증되어 Ia형 초신성은 확실한 '표준 광원'으로 자리 잡게 되었다.

충분히 많은 자료를 사용한 것은 아니었지만 초신성의 최대 밝기와 어두워지는 속도 사이에 뚜렷한 경향성이 있다는 사실을 처음으로 밝힌 마크 필립스는 우주론의 역사에서 중요한 역할을 하였다. 그런데 재미있는 것은 마크 필립스가 논문에서 사용한 9개의 초신성 중 7개는 본인이 직접 관측한 것이 아니라 이미 다른 사람들이 관측해놓은 자료를 취합한 것이다. 이미 사람들에게 공개되어 있는 자료를 적절히 활용하여 중요한 성과를 얻어낸 것이다. 과학 연구에서는 이렇게 다른 사람들의 자료에 자신의 아이디어를 결합하여 중요한 성과를 내는 경우가 종종 있다.

'높은 적색편이 초신성 탐색 팀'의 추격

마크 필립스의 논문이 발표된 1993년 이후, Ia형 초신성에 대한 이해가 좀 더 깊어졌다. 이에 힘입어 펄머터 팀은 Ia형 초신성 발견에 더욱 박차를 가했다. 하지만 이들은 곧 만만찮은 경쟁 상대를 만나게 되었다. 멀리 있는 초신성 탐색은 펄머터가 이끄는 초신성 우주론 프로젝트 팀과 유럽의 과학자들을 중심으로 진행되었지만 사실 초신성 관측과 분석의 최고 권위자는 따로 있었다. 바로 초신성 전문가이자 당대 최고의 천문학자의 한 사람으로 인정받고 있던 하버드 대학의 로버트 커시너(Robert Kirshner) 교수였다.

커시너는 마크 필립스와 이미 공동 연구를 하기도 했기 때문에 초신성을 거리 측정 도구로 사용할 수 있다는 사실을 잘 알고 있었다. 초신성을 탐색하고 있는 초신성 우주론 프로젝트 팀의 프로젝트에 대해서도 당연히 잘 알고 있었다. 하지만 초신성 우주론 프로젝트 팀이 아직 뚜렷한 성과를 거두지 못하고 있었기 때문에 그는 그 팀과 경쟁할 만한 새로운 팀을 만들기에 아직 늦지 않았다고 판단했다.

관측 프로젝트에서의 경쟁은 일의 진행 속도를 높일 뿐만 아니라 서로의 성과를 비교할 수도 있기 때문에 좋은 결과를 가져오는 경우가 많다. 그리고 전형적인 천문학자였던 커시너는 물리학자 출신들이 중심이 된 초신성 우주론 프로젝트 팀이 자료 획득이나 분석 과정에서 무언가 중요한 것을 빠뜨릴 가능성이 충분하다는 생각을 하고 있었다.

천문학 연구를 위한 관측에서 경험은 매우 중요하다. 정확한 분석을 위해서 어떤 자료를 어떻게 얻을 것인지 미리 세밀하게 계획하고 준비해야 한다. 단지 목표로 하는 대상만 관측해서는 안 되고 정확한 밝기를 구하기 위해서 비교 대상이 되는 표준성도 함께 관측해야 하며, CCD 카메라의 기기적인 오차를 보정하는 자료도 함께 얻어야만 한다. 반드시 필요한 중요한 자료를 하나만 빠뜨리더라도 그 실수를 회복하는 데 너무나 많은 시간과 노력이 필요하고, 설사 회복했다 하더라도 그렇게 얻은 자료에 대한 신뢰성은 크게 떨어질 수밖에 없다.

커시너는 망원경 시간을 배분하는 위원회에 자주 참석하여 초신성 우주론 프로젝트 팀의 제안서를 심사하면서 그들이 중요한 사실을 놓치고 있다는 사실을 파악할 수 있었다. 그는 Ia형 초신성을 거리 측정 도구로 사용하려면 초신성에 대한 좀 더 많은 이해가 필요하고 특히 성간 먼지에 의한 효과를 보정할 방법을 찾아야 한다고 충고했지만 초신성 우주론 프로젝트 팀은 그의 충고를 진지하게 받아들이지 않는 듯했다.(R22) 결국 커시너가 지적한 문제들은 이후 초신성 우주론 프로젝트 팀을 두고두고 괴롭히는 문제가 되었다.

커시너는 하버드 대학에서 자신의 지도하에 II형 초신성 연구로 막 박사학위를 받은 브라이언 슈밋과 함께 새로운 초신성 탐색 팀 구성을 추진했다. 브라이언 슈밋은 전통적으로 관측 천문학에서 강세를 보여온 애리조나 대학에서 천문학을 공부하고 1989년에 하버드 대학 천문학과 대학원에 입학했다. 커시너를 지도교수로 맞은 슈밋의 연구 주제는 1987년 대마젤란은하에서 폭발한 초신성 SN 1987A였다.(컬러 삽화 6, 14쪽) SN 1987A는 II형 초신성이었고, 1604년 우리 은하에서 폭발한 케플러 초신성 이후로 육안으로 관측이 가능한 최초의 초신성이기도 했다. 하지만 남반구에서만 관측이 가능했고 우리나라에서는 볼 수가 없었다. 슈밋이 연구한 것은 II형 초신성을 이용하여 거리를 측정하는 방법이었다.

그의 연구는 매우 성공적이었고 그 결과로 그는 박사학위를 받기도 했다. 그러나 II형 초신성은 Ia형 초신성에 비해 어둡고, 거리 측정을 위해서는 많은 관측 자료가 필요했기 때문에 멀리 있는 은하의 거리 측정 도구로는 적합하지 않았다. 그런데 마침 슈밋이 대학원에 입학한 해에 하버드로 박사 후 연구원으로 온 스위스 출신의 브루노 라이번구트(Bruno Leibundgut)는 SN 1987A와 II형 초신성을 주로 연구하던 당시의 유행과는 달리 Ia형 초신성을 연구하고 있었다. 그래서 슈밋은 Ia형 초신성이 거리 측정의 도구로 사용될 수 있다는 사실을 잘 알고 있었다.

슈밋의 초신성 연구는 마크 필립스가 근무하고 있던 CTIO와 밀접한 협력 관계하에 진행되었다. 천문학계의 또 하나의 특징은 국제적인 공동 연구가 매우 활발하게 이루어진다는 것이다. 천문학을 공부하는 사람은 대학원 시절 최소한 한 번 이상 국제 학회나 해외 연수 또는 국제 여름 학교 등에 참가할 기회가 있고, 최소한 한 명 이상의 해외 공동 연구 파트너가 있는 것이 일반적이다. 나도 대학원 시절 하와이에 있는 캐나다-프랑스-하와이 망원경에서 3개월간 생활한 적이 있다. 국제 학회는 특히 젊은 연구자들이 자신의 이력을 여러 사람에게 알리고 새로운 일자리를 구하는 데 아주 중요한 역할을 한다. 그리고 종종 연구소나 대학에서는 특정한 주제에 대해서 그 분야의 최고 권위자들을 초청하여 대학원생들을 대상으로 강의하는 여름학교를 개최하는데, 천문학과 대학원생이면 전 세계 누구라도 참여할 수 있다. 이 여름학교는 자신이 연구하는 분야의 최고 권위자의 강의를 들을 수 있고 비슷한 분야를 연구하는 동료들을 사귈 수 있는 아주 좋은 기회다.

슈밋도 하버드 대학원생 시절이던 1990년에 지도교수 커시너와 함께 프랑스의 레 우슈(Les Houches)에서 열린 초신성 여름학교에 참가했다. 알프스의 몽블랑 기슭에 있는 멋진 도시에서 전 세계에서 모인 학생들과 함께 초신성 분야의 최고 권위자들의 강의를 들었던 5주 동안을 슈밋은 자신의 인생에서 최고의 순간으로 기억하고 있다고 했다.(R27) 그곳에서 슈밋은 CTIO의 천문학자 닉 선체프(Nick Suntzeff)의 연구조교로 일하고 있던 칠레의 천문학자 마리오 하뮈(Mario Hamuy)를 만났다. 슈밋은 자신의 논문 연구를 위해 선체프와 하뮈의 SN 1987A의 관측 자료를 사용하고 있었기 때문에 하뮈의 이름을 이미 잘 알고 있었다.

하뮈는 슈밋에게 CTIO에서 진행되고 있는 칼란/토로로 서베이(Calan/Tololo survey)에 대해서 이야기해주었다. 그것은 지금 연구되고 있는 초신성들보다 더 멀리 있는 초신성들을 관측하여 Ia형 초신성을 표준 광원으로 쓸 수 있는지 확인하는 연구였다. 여기에는 CTIO의 닉 선체프, 마리오 하뮈, 마크 필립스, 칠레 대학의 호세 마자(Jose Maza)가 참여하고 있었다. 모두 당시 초신성 분야의 최고 전문가들이었다.

이 여름학교의 인연은 계속 이어졌고 커시너는 선체프, 마크 필립스와 SN 1987A에 대해 공동 연구를 진행하고 있었기 때문에 1991년 말에는 슈밋이 5주 동안 CTIO를 방문하게 되었다. 칼란/토로로 서베이의 목적은 Ia형 초신성을 발견하는 것이지만 초신성은 스펙트럼을 구해서 분석해보기 전에는 그것이 어떤 초신성인지 알 수 없다. 그러므로 이 관측에서는 당연히 II형 초신성도 함께 발견되었다. 슈밋의 목적은 칼란/토로로 서베이의 부산물인 II형 초신성 자료를 학위 논문 연구에 사용하는 것이었다.

CTIO로 가던 슈밋은 역시 CTIO로 가고 있던 NASA 우주망원경 과학 연구소(Space Telescope Science Institute, STSI)의 피트 찰리스(Pete Challis)를 만났다. 산티아고에서 라세레나(La Serena)로 가는 버스 안에서 찰리스와 여섯 시간 동안 이런저런 이야기를 나누던 슈밋은 그가 자신의 지도교수 커시너와 미시간 대학 학부를 같이 다녔다는 사실을 알게 되었다. 슈밋은 찰리스에게 커시너가 자신의 허블 우주망원경 관측을 도와줄 사람을 찾고 있다는 이야기를 해주었고, 두 사람은 약 20년 만에 다시 연결되어 지금까지 공동 연구를 진행하고 있다.

칼란/토로로 서베이에서 관측된 사진 건판들은 다음 날 아침 칠레 대학으로 옮겨져 호세 마자 팀에 의해 분석되었다. 그리고 초신성으로 보이는 후보들은 바로 그날 밤 다시 CCD 카메라로 관측했다. 이 방법은 꽤 효율적이어서 1990년에서 1993년 사이에 50개 이상의 초신성을 발견했다. 그중에서 32개가 Ia형 초신성이었다. 이 자료들은 이후 초신성을 이용한 거리 측정에 결정적인 역할을 하게 된다. 그리고 슈밋은 여기에서 발견된 II형 초신성들을 자신의 박사학위 논문을 쓰는 데 이용했다.

슈밋이 CTIO를 방문했던 1991년 말은 약간은 실망스러운 분위기가 팽배했다. 예상과 달리 Ia형 초신성의 원래 밝기가 일정하지 않았던 것이다. 그러므로 Ia형 초신성을 표준 광원으로 삼아 허블 상수를 구하겠다는 목표를 달성하는 것도 쉽지 않은 상황이었다. 하지만 1993년 마크 필립스가 Ia형 초신성의 최대 밝기와 어두워진 밝기 사이의 관계를 구하면서 희망이 생겼다. 그리고 슈밋은 1993년 II형 초신성 연구로 박사학위를 받았다. 하버드에서는 막 박사학위를 받은 사람들을 다른 곳으로 내보내는 경우가 많았지만, 슈밋은 뛰어난 연구 결과로 높은 경쟁률을 뚫고 하버드의 천체물리학 센터(Center for Astrophysics, CfA)에서 박사 후 연

<그림 III-6> 브라이언 슈밋(왼쪽)의 박사학위 논문을 검사하고 있는 로버트 커시너.(R38)

구원 자리를 얻을 수 있었다. 덕분에 슈밋은 자리를 옮기지 않고 두 배의 월급을 받고 독립적인 연구를 시작했다. 슈밋은 하버드와 CTIO의 천문학자들과 초신성으로 할 수 있는 새로운 연구에 대한 토론을 계속했다.

1994년 3월, 애리조나의 홉킨스 산 천문대에서 관측을 하고 있던 커시너와 찰리스, 그리고 커시너의 대학원생이던 애덤 리스는 솔 펄머터의 전화를 받았다. 자신의 팀에서 새롭게 발견한 초신성의 후속 관측을 부탁한다는 내용이었다. 찰리스는 즉시 그 초신성의 스펙트럼을 구했고, 그 초신성의 적색편이가 0.425나 되는 것을 보고 깜짝 놀랐다. 그 결과는 하버드에 있던 슈밋이 확인했다. 새롭게 발견된 초신성을 《국제천문연맹 회람(International Astronomical Union Circulars)》지에 싣기 위해서 펄머터의 초신성 우주론 프로젝트 팀과 의논하던 그들은 이 초신성이 그 팀이 발견한 유일한 초신성이 아니라는 사실을 깨달았다. 아마도 이 사건이 그들에게는 강한 자극이 되었을 것이다. 그해 여름 관측을 위해 CTIO를 방문한 슈밋은 닉 선체프와 함께 CTIO의 4미터 망원경을 이용한 새로운 초신성 탐색 프로젝트를 계획했다. 펄머터는 본의 아니게 잠재적인 경쟁자들에게 강한 동기를 부여한 셈이 된 것이다.

Ia형 초신성은 폭발 후 최대 밝기에 이르는 시간이 약 20일이기 때문에 한 달 간격으로 같은 영역을 관측하면 폭발한 지 얼마 되지 않은 초신성을 발견할 수 있다. 그리고 CTIO에는 최신 CCD 카메라가 설치되어 있고, 이곳은 관측이 불가능한 날이 거의 없을 정도로 날씨가 좋았기 때문에 초신성 탐색에는 최적의 장소였다. 그들은 곧 사람들을 모아 관측 제안서를 작성했다. CTIO의 마크 필립스, 마리오 하뮈, 크리스 스미스(Chris Smith), 밥 숌머(Bob Schommer)와 칠레 대학의 호세 마자, 하버드 대학의 로버트 커시너, 피트 찰리스, 피터 가나비치(Peter Garnavich)와 애덤 리스, 그리고 당시 유럽 남부 천문대(European Southern Observatory, ESO)에 있던 브루노 라이번구트와 제이슨 스피로밀리오(Jason Spyromilio)가 팀원이 되었다. 그리고 1994년 9월 29일, 이 팀은 첫 번째 관측 제안서를 제출했다.(그림 III-7)

이 팀 안에서 슈밋의 역할은 관측 자료에서 초신성을 찾아내는 소프트웨어를 개발하는 것이었다. 초신성이 발견되면 재빨리 후속 관측을 통해서 어두워지는 정도를 알아내야 하기 때문에 정확하면서도 효율적으로 작동하는 소프트웨어는 이 프로젝트의 핵심이었다. 애리조나 대학에서 학부 때부터 관측 천문학을 공부해온 슈밋은 이 일에 가장 적임자였다. 하지만 초신성 우주론 프로젝트 팀은 1986년부터 초신성 관측을 해왔고 오랜 시간을 투자하여 초신성을 찾아내는 소프트웨어를 개발해왔다. 그리고 그것을 개발한 사람들은 모두 자료 처리의 귀재들이었다. 이들을 따라잡는다는 것이 현실적으로 가능한 일일까? 커시너의 질문에 슈밋은 이렇게 대답했다. "한 달은 걸릴 것 같은데요."(R22)

이것이 가능한 이유는 물론 슈밋이 능력이 뛰어나서이기도 하지만 당시의 상황이 이전과는 많이 달라져 있어서였다. CCD 관측은 천문학계에 이미 보편화되었고 자료 처리를 위한 다양한 소프트웨어가 개발되어 있었다. 그리고 천

Observing Proposal
Cerro Tololo Inter-American Observatory

Date: September 29, 1994   *Proposal number:*

TITLE: A Pilot Project to Search for Distant Type Ia Supernovae

PI: N. Suntzeff   Grad student? N   nsuntzeff@ctio.noao.edu
CTIO, Casilla 603, La Serena Chile   56-51-225415

CoI: B. Schmidt   Grad student? N   brian@cfanewton.harvard.edu
CfA/MSSSO, 60 Garden St., Cambridge, MA 02138   617 495 7390

Other CoIs: C. Smith, R. Schommer, M. Phillips, M. Hamuy, R. Aviles (CTIO); J. Maza (UChile); A. Riess, R. Kirshner (Harvard); J. Spyromilio, B. Leibundgut (ESO)

Abstract of Scientific Justification:

We propose to initiate a search for Type Ia supernovae at redshifts to $z \sim 0.3 - 0.5$ in equatorial fields using the CTIO 4m telescope. This program is the next step in the Calán/Tololo SN survey, where we have found ~ 30 Type Ia supernovae out to $z \sim 0.1$. The proposed program is a pilot project to discover fainter SN Ia's using multiple-epoch CCD images from the 4m telescope. We will follow up these discoveries with CCD photometry and spectroscopy both at CTIO and at several observatories in both hemispheres. With the spectral classification and light curve shapes, we can use our calibrations of the absolute magnitudes of SN Ia's from the Calán/Tololo survey to place stringent limits (Figure 2) on q_0 in a reasonable time-frame. Based on the statistics of discovery from the Calán/Tololo SN survey, we can expect to find about 3 SNe Ia per month.

The goal of this pilot project is to obtain enough imaging data to allow us to verify that we can discover faint supernovae at the expected rates. The success rate of discovery for this program and the related (but independent) program proposed for the 0.9m rests primarily in the software used to search for the supernovae in digital images. The data set from this pilot project will allow us to tune the software to provide the most efficient discovery techniques.

- *Is this proposal part of a PhD thesis? If 'Y', you must send a letter; see instructions.* N
- *Are you requesting long-term status? If 'Y', please give details on the line below.* N

Summary of observing runs requested for this project

Run	Telescope	Instrument, detectors, gratings, filters, camera optics, etc.		
1	4m	PFCCD Tek2048K, our set of reshifted *BV* filters		
2				
3				

Run	No. nights	Moon age (d)	Optimal dates	Acceptable dates
1	4	2× -5, 2 × +3 (see proposal)	March and April	February-April
2				
3				

- *List dates you cannot use for non-astronomical reasons on the next line.*

<그림 III-7> 1994년, 높은 적색편이 초신성 탐색 팀이 처음으로 제출한 관측 제안서. 주 연구자(Principal Investigator, PI)는 닉 선체프로 되어 있다. 1995년부터 브라이언 슈밋이 책임자가 되었다.(R38)

문학계에는 자료 처리를 위해 개발한 소프트웨어를 모든 사람이 공유할 수 있도록 공개하는 전통이 있다. 초신성 우주론 프로젝트 팀과는 달리 슈밋은 모든 소프트웨어를 새롭게 만들어낼 필요가 없이 이미 개발되어 있는 여러 소프트웨어를 잘 활용할 수 있는 상황이었다.

그런데 슈밋은 바로 이 시기에 오스트레일리아 국립대학의 마운트 스트롬로 천문대(Mount Stromlo Observatory)로 자리를 옮긴다. 하버드에서 유학하던 중에 결혼한 오스트레일리아인 아내가 비자 문제로 1994년에는 미국을 떠나야 했기 때문이다. 인터넷이 발달한 지금이야 연구자들이 어디에 있더라도 공동 연구를 하는 데 아무런 문제가 되지 않지만 1995년에는 사정이 달랐다. 칠레의 CTIO에서 영상 하나를 오스트레일리아로 전송하는 데 14시간이나 걸릴 정도였다. 하지만 슈밋은 이런 어려움을 극복하고 초신성 우주론 프로젝트 팀에 전혀 뒤지지 않는 소프트웨어를 만들어냈다. 몇 년 늦게 시작했지만 이 팀은 슈밋의 맹활약으로 적어도 소프트웨어 분야에서는 초신성 우주론 프로젝트 팀을 순식간에 따라잡았다.

오스트레일리아로 자리를 옮긴 슈밋은 오스트레일리아 국적을 취득하여 나중에 오스트레일리아에 47년 만에 세 번째 노벨 물리학상을 안겨주게 된다. 오스트레일리아는 다른 천문학 선진국들과는 달리 남반구 하늘을 관측할 수 있다는 장점 때문에 전통적으로 천문학이 발달했고 정부에서도 적극적으로 지원을 하며 높은 관심을 보이고 있다. 그래서 오스트레일리아 국립대학은 천문학에 있어서는 세계적 명문이기도 하다. 우리나라는 관측 천문학계의 대부라고 할 수 있는 전 서울대학교 천문학과의 이시우 교수가 오스트레일리아 국립대학에서 박사학위를 받았기 때문에 이곳과 깊은 인연이 있다. 이시우 교수는 나의 석사학위 논문 지도교수이기도 한데, 그분의 제자들이 현재 우리나라 관측 천문학 분야에서 중요한 위치를 차지하고 있다. 이시우 교수가 나의 박사학위 지도교수가 되지 못한 이유는 교수님 스스로 더 이상 새로운 연구를 할 능력이 없다는 겸손한 말씀과 함께 정년을 5년이나 남겨둔 상태에서 은퇴를 하셨기 때문이다.

CTIO와 슈밋 팀의 관측 제안서는 성공적으로 채택되어 그들은 1995년 2월부터 관측을 시작했다. 그리고 1995년 4월, 이 팀은 첫 번째 성과를 거둔다. 그들이 발견한 초신성은 적색편이가 0.479로 가장 멀리 있는 새로운 초신성이 되었다. 이 결과를 《국제천문연맹 회람》지에 싣기 위해서는 팀의 이름이 필요했다. 그들은 자신들의 팀에 '높은 적색편이 초신성 탐색 팀'(High-Z Supernova Search team)이라는 이름을 붙였다.

1995년 여름에 스페인에서 열린 Ia형 초신성 관련 국제 컨퍼런스에는 두 팀이 모두 참가했다. 높은 적색편이 초신성 탐색 팀은 초신성 우주론 프로젝트 팀이 이미 멀리 있는 초신성 7개를 발견한 사실을 알게 되었다. 아직 갈 길이 멀었다.

더욱 정교해진 거리 측정 방법

　CTIO의 연구자들과 펄머터가 초신성 탐색에 몰두하고 있는 동안, 하버드의 천체물리학 센터에서는 커시너와 애덤 리스가 초신성의 광도 곡선을 가지고 씨름하고 있었다. 애덤 리스는 물리 전공과 역사 부전공으로 1992년 MIT를 졸업했다. 그는 천문학에 대한 지식이 거의 없는 상태로 하버드의 천문학과 대학원에 지원했다. 훗날 그는 노벨상 수상 강연에서, 대학원에서 우주가 팽창한다는 사실을 처음 알았을 때 엄청난 충격을 받고 자신이 하고 싶은 연구가 무엇인지 금방 알아차렸다고 말했다.

　1993년 봄, 리스는 박사학위 논문의 주제를 정하기 위해 커시너와 슈밋을 찾아갔다. 당시 커시너는 마크 필립스의 Ia형 초신성 연구에 깊은 관심을 가지고 있었다. Ia형 초신성을 거리 측정의 표준 광원으로 사용할 수 있는 가능성은 상당히 높아졌다. 하지만 아직은 보다 충분한 검증이 필요하기도 했고 오차도 크게 줄여야만 했다. 커시너는 리스에게 Ia형 초신성을 이용한 보다 정확한 거리 측정 방법을 찾아볼 것을 제안했다.

커시너는 하버드의 동료 교수인 윌리엄 프레스(William Press)를 리스에게 소개해주면서 같이 연구할 수 있도록 주선해주었다. 프레스는 자료 처리용 알고리즘 개발의 최고 권위자이자 『뉴메리컬 레시피(Numerical Recipes)』라는 책의 저자이기도 하다. 『뉴메리컬 레시피』는 수학과 물리학에서 자료 처리에 필요한 거의 모든 알고리즘이 프로그램 언어로 작성되어 있는 책으로, 자료 처리를 위한 프로그램을 만들어본 사람이라면 누구나 한번쯤은 사용했을 책이다. 나 역시 대학원 시절 과제와 연구를 위해서 이 책의 서브루틴 프로그램을 무수히 사용했다. 입력 자료만 잘 정리해서 집어넣으면 바로 결과를 알려주는 마법 상자 같은 프로그램들이었다. 프레스의 도움으로 리스는 높은 적색편이 초신성 탐색 팀의 자료 처리 전문가가 되어갔다.

리스는 초신성의 실제 밝기를 구하기 위해 초신성의 밝기 변화를 보여주는 광도 곡선을 이용하는 방법을 찾고자 했다. 그는 초신성의 밝기에 따라 광도 곡선의 모양이 달라지는 것에 주목했다. 사실 이것은 마크 필립스가 이미 밝힌 사실과 크게 다를 것이 없는 내용이다. 밝은 초신성은 천천히 어두워지기 때문에 광도 곡선의 기울기가 완만하고, 어두운 초신성은 빨리 어두워지기 때문에 기울기가 급하게 나타나는 것이 당연하다. 아마도 마크 필립스가 자료의 통계 처리에 능숙한 사람이었다면 이미 이 방법을 사용했을 수도 있었을 것이다. 리스도 마크 필립스가 사용한 9개의 초신성 중 광도 곡선이 뚜렷하지 않은 1개만 제외한 8개를 그대로 사용했기 때문이다.(R29)

1995년 리스는 8개 초신성의 광도 곡선을 분석하여 기준이 되는 경험적인 광도 곡선들을 만들어 발표했다.(그림 III-8) 〈그림 III-8〉에서 실선들은 밝기가 어두운 것부터 밝은 것까지 0.25등급 간격으로 경험적인 광도 곡선을 그린 것이다. 최대 밝기가 밝은 곡선(위쪽 곡선)은 기울기가 완만하고 어두운 곡선은 기울기가 급한 것을 볼 수 있다.

어떤 은하에서 Ia형 초신성이 관측되면 아직 이 은하까지의 거리를 모르기 때문에 이 초신성의 절대등급이 얼마인지 알 수 없다. 이때 해야 할 일은 관측된 초신성의 광도 곡선을 기준이 되는 경험적인 광도 곡선들 사이에서 아래위로 움직이면서 그중 어느 것과 가장 잘 맞는지를 찾는 것이다. 물론 실제로는 눈으로 맞추는 것이 아니라 통계적인 방법을 사용한다. 관측된 초신성의 광도 곡선과 가장 잘 맞는 기준 광도 곡선을 찾으면 그것이 바로 그 초신성의 절대

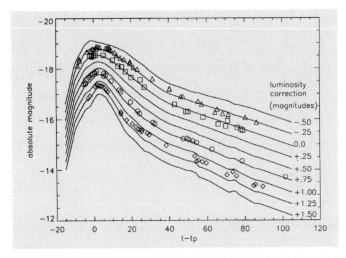

<그림 III-8> 기준이 되는 경험적인 광도 곡선들. 초신성을 관측하여 이 광도 곡선에 모양을 잘 맞추면 거리를 구할 수 있다. 도형들은 관측된 초신성들을 광도 곡선에 맞춘 것이다. x축은 최대 밝기 전후의 시간(날짜)이고 y축은 절대등급이다. 절대등급이 밝은 초신성은 기울기가 완만하고 어두운 것은 기울기가 급한 것을 볼 수 있다.(R29)

등급이 되는 것이다. 이제 Ia형 초신성이 관측되면 이 기준이 되는 광도 곡선에 모양을 잘 맞추기만 하면 거리를 구할 수 있게 된다.

이 방법은 아주 대단하다. 마크 필립스의 방법은 초신성의 최대 밝기와 15일이 지난 후의 밝기의 차이를 이용하는 것이기 때문에 반드시 초신성을 최대 광도가 되기 전에 발견하여 꾸준히 관측해야만 한다. 하지만 리스가 개발한 이 '광도 곡선 모양 맞추기'(light-curve shape, LCS) 방법을 이용하면 광도 곡선의 모양만 맞추면 되기 때문에 최대 밝기 이후 완전히 어두워지기 전의 어느 순간에 발견해도 거리를 구하는 데 문제가 없다.

리스의 광도 곡선 모양 맞추기 방법은 초신성을 이용한 거리 측정 방법을 획기적으로 개선한 것이긴 하지만 한 가지 중요한 문제를 고려하지 않은 것이었다. 이것은 아주 오랫동안 여기저기서 천문학자들을 괴롭혀온 문제이기도 하다. 바로 우주의 '먼지'들이다. Ia형 초신성은 대부분 성간 먼지들이 많이 있는 나선은하에서 발견되는데, 이 먼지들은 초신성의 밝기를 어둡게 만들기 때문에 초신성까지의 거리를 과대평가하게 하는 역할을 한다. 먼지 때문에 어두워진 것을 더 멀리 있어서 어두운 것처럼 판단하게 만드는 것이다. 이렇게 먼지 때문에 별빛이 어두워지는 현상을 '성간 소광'이라고 한다.

천체를 관측하여 물리량을 구할 때는 언제나 성간 소광의 효과를 고려해야 한다. 이 문제를 해결하기 위해서 천문학자들이 오래전부터 이용해온 방법은 별빛의 '색'을 이용하는 것이었다. 성간 먼지들은 파장이 짧은 푸른빛을 더 잘 흡수하거나 산란시키고 파장이 긴 붉은빛을 더 잘 통과시키기 때문에 성간 먼지를 통과해 온 빛은 원래의 빛보다 더 붉게 보인다. 천문학자들은 이 현상을 '성간 적색화'(interstellar reddening)라고 부른다.

하늘이 푸르게 보이고 저녁노을이 붉게 보이는 것도 같은 원리 때문이다. 태양빛이 지구의 대기를 통과할 때도 대기의 공기 분자와 먼지들이 성간 먼지와 비슷한 효과를 보인다. 낮에 하늘이 푸르게 보이는 이유는 푸른빛이 붉은빛보다 공기 입자에 의해 산란이 더 잘되어 하늘에 퍼지기 때문이다. 해가 뜰 때와 질 때는 태양이 낮게 떠서 태양빛이 지구 대기를 더 길게 지나오면서 큰 먼지 입자가 많은 지면에 가깝게 통과하기 때문에 푸른빛은 산란되어 통과하지 못하고 붉은색만 통과하여 붉게 보인다.

먼지는 초신성의 밝기를 어둡게 만들긴 하지만 색깔에 따라 어두워지는 정도가 다르기 때문에 초신성의 밝기뿐만 아니라 색을 함께 분석하면 원래 어두운 초신성과 먼지에 의해 어두워진 초신성의 구별이 가능하게 되는 것이다. 이를 위해서는 초신성을 여러 종류의 필터로 관측해야만 한다.

리스는 광도 곡선 모양 맞추기 방법에서 사용했던 8개의 초신성에 1개를 더해 9개의 초신성으로 밝기와 색 사이의 관계를 구했다. 이 초신성들은 모두 거리와 성간 소광이 독립적인 방법으로 구해진 것들이다. 별의 원래 색은 그 별의 표면 온도에 의해 결정된다. 표면 온도가 낮은 별은 붉은색, 높은 별은 푸른색을 띤다. 최대 에너지를 내는 파장은 온도에 반비례한다는 빈의 법칙(Wien's law)에 의해 온도가 높을수록 파장이 짧은 푸른빛을 더 많이 방출하기 때문이다.

별의 색은 서로 다른 두 필터를 사용하여 구한 별의 밝기의 차이로 표시한다. 천문 관측에서 흔히 사용하는 필터는 B, V, R, I필터들이다. B필터가 가장 짧은 파장의 빛을 통과시키고 I필터가 가장 긴 파장의 빛을 통과시킨다. 그러므로 온도가 높은 별은 B필터에서 밝게 보이고 온도가 낮은 별은 I필터에서 밝게 보인다. 어떤 별을 B필터와 V필터를 사용해서 관측했다고 하자. 이 별의 온도가 높다면 B필터에서 밝게 보일 것이기 때문에 B필터를 사용한 등급 값은 작고(밝을수록 등급 값은 작다) V필터를 사용한 등급 값은 커진다. 그래서 B등급에서 V등급을 뺀 값(B-V로 표시한다)은 온도가 높을수록 작아지게 된다. 이것은 V-R, R-I에서도 똑같이 적용된다.

리스는 초신성이 폭발한 초기에는 원래 밝기가 밝은 초신성은 더 푸른색을 띠고 어두운 초신성은 더 붉은색을 띤다는 사실을 발견했다. 그리고 초신성이 폭발한 지 35일이 지나면 초신성의 색은 밝기와 상관없이 거의 일정해진다. 이 결과를 이용하여 리스는 먼지에 의해 별빛의 색이 변하는 현상과 광도 곡선 모양 맞추기 방법을 결합하여 '다색 광도 곡선 모양 맞추기'(Mulitcoloer light-curve shape, MLCS) 방법을 만들어냈다.(R30)

이것은 기본적으로 광도 곡선 모양 맞추기 방법과 동일하다. 〈그림 III-9〉의 맨 위 그림의 실선은 9개의 초신성으로 구한 기준이 되는 광도 곡선으로 〈그림 III-8〉과 거의 같은 것이다. 아래 3개 그림의 실선은 B-V, V-R, V-I색의 값을 9개의 초신성을 이용하여 경험적으로 구한 것이다. 밝기의 광도 곡선에서는 가장 위에 있는 선이 가장 밝은 초신성이지만 색의 곡선에서는 가장 위에 있는 선이 가장 어두운 초신성이다. 어두운 초신성일수록 더 붉은색을 띠므로 색의 값이 더 크게 나타나기 때문이다.

우선 관측된 초신성의 광도 곡선과 가장 잘 맞는 기준 광도 곡선을 찾아서 초신성의 절대등급을 구한다. 그런데 이것은 성간 소광의 효과가 포함되지 않은 것이다. 그래서 이번에는 관측된 초신성의 색(B-V, V-R, R-I)을 기준 값과 비교하여 그 초신성의 실제 색을 알아낸다. 실제 색과 관측된 색의 값을 서로 비교하면 성간 소광에 의해 색이 얼마나 붉게 변했는지 알아낼 수 있다. 색이 얼마나 붉게 변했는지 알아내면 그것이 밝기에는 어느 정도 영향을 미치는지 잘 알려져 있기 때문에 성간 소광에 의해 초신성이 얼마나 더

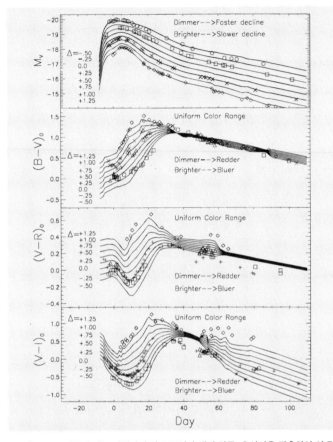

<그림 III-9> 기준이 되는 경험적인 광도 곡선과 색의 값들. 초신성을 관측하여 이 광도 곡선과 색 곡선에 모양을 잘 맞추면 거리와 성간 소광의 효과를 구할 수 있다. 도형들은 관측된 초신성들을 기준 값에 맞춘 것이다. 맨 위의 광도 곡선은 <그림 III-8>과 거의 같은 것이다. 색의 값들이 초신성 폭발 35일 이전까지는 차이를 보이다가 그 이후에는 거의 같아지는 것을 볼 수 있다.(R30)

어둡게 보이는지 알 수 있다. 예를 들어 B-V의 값이 성간 소광에 의해 0.1 정도 더 커졌다면(붉어졌다면) 밝기는 약 0.3등급 어두워지므로 이 값을 보정하면 되는 것이다.

이것은 성간 소광의 영향이 보정된 거리를 측정할 수 있는 매우 강력하면서도 획기적인 방법이다. 리스는 이 아이디어가 천문학에 입문한 이래 최초의 온전한 자신의 것이라고 이야기하고 있다. 리스는 칼란/토로로 서베이를 포함 1990년대 이후에 발견된 20개의 초신성에 다색 광도 곡선 모양 맞추기 방법을 적용해 그 효과를 확인해보았다.(그림 III-10) 그 효과는 너무나 명확했다. 특히 초신성 SN 1992K와 SN 1995E는 이 방법이 얼마나 효과적인지 잘 보여준다.

〈그림 III-10〉의 위쪽 그림은 초신성의 밝기가 모두 똑같다고 가정하고 먼지 효과를 보정하지 않은 자료이다. 허블의 법칙에 따라 멀리 있는 초신성은 더 빠른 속도로 멀어지기 때문에 거리와 속도가 정확하게 구해졌다면 그래프에서 기울어진 직선 위에 위치해야 한다. 그런데 SN 1992K와 SN 1995E(각각 92K와 95E로 표시)는 적색편이로 구한 속도(y축)보다 훨씬 더 먼 곳(x축에서 오른쪽)에 위치해 있다. 속도는 별로 크지 않은데 어둡게 보이기 때문에 더 멀리 있는 것으로 여겨진 것이다. SN 1992K의 색의 변화 곡선은 기준 선과 크게 차이가 없었으므로 성간 소광에 의한 효과는 아니었

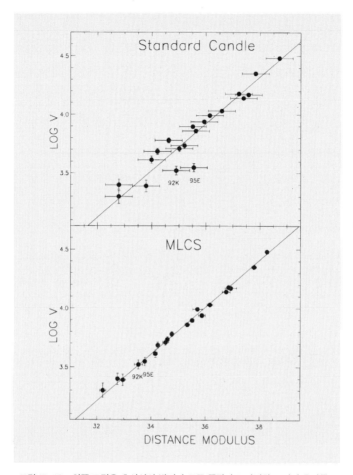

<그림 III-10> 위쪽 그림은 초신성의 밝기가 모두 똑같다고 가정하고 먼지 효과를 보정하지 않은 자료이고, 아래쪽 그림은 다색 광도 곡선 모양 맞추기 방법으로 밝기와 먼지 효과를 보정한 것이다. 분산과 오차가 크게 줄어든 것을 확인할 수 있다.(R30)

다. 그런데 광도 곡선은 빠르게 어두워지는 모습을 보였다. 이 초신성은 원래 다른 초신성보다 더 어둡다는 것을 의미했다. 리스가 다색 광도 곡선 모양 맞추기 방법을 적용해보니 이 초신성은 기준 선보다 1.25등급 더 어두웠다. 이만큼을 밝은 쪽으로 이동시켜서 그린 아래 그림에서는 분산이 크게 줄어드는 것을 확인할 수 있다.

SN 1995E는 나선은하 NGC 2441의 나선 팔에서 발견된 초신성이었다. 광도 곡선과 색의 변화 곡선의 모양은 기준 선과 별로 차이가 없었지만 색이 전체적으로 붉은 쪽으로 이동해 있었다. 성간 소광의 효과가 있다는 의미였다. 다색 광도 곡선 모양 맞추기 방법으로 색이 붉어진 정도를 구하여 성간 소광에 의해 어두워진 밝기가 1.86등급이라는 사실을 알아냈다. 앞의 경우와 마찬가지로 이만큼을 이동시키니 아래 그림에서는 분산이 크게 줄어들었다. 이와 같은 방법으로 다른 모든 초신성 자료의 절대등급을 새롭게 구하여 밝기를 구하자 분산과 오차가 크게 줄어들었다.

이 결과는 1996년에 하버드를 졸업한 리스의 박사학위 논문이 되었고, 리스는 1999년 최근 3년간의 박사학위 논문 중에서 천문학에 가장 큰 기여를 한 논문에게 주어지는 태평양 천문학회(Astronomical Society of the Pacific, ASP) 트럼플러 상 (Trumpler Prize)을 수상했다. 로버트 트럼플러(Robert J. Trumpler)는

1930년대에 별의 위치 결정에서 성간 먼지의 중요성을 처음으로 밝혀낸 사람이다. 리스의 가장 중요한 업적은 초신성을 이용하여 거리를 구하는 과정에서 성간 물질의 문제를 해결한 것으로, 그는 이 상이 자신에게 특히 의미 있는 상이었다고 이야기하고 있다.

리스는 1995년에 높은 적색편이 초신성 탐색 팀이 최초로 발견한 멀리 있는 초신성 1995K에 자신의 다색 광도 곡선 모양 맞추기 방법을 적용해 거리를 구해보았다. 그리고 그 결과에 고개를 갸웃거렸다. 그 하나의 초신성은 그래프에서 우주가 가속 팽창해야 하는 위치에 자리 잡고 있는 것이었다. 그 결과를 본 동료들은 아마도 초신성 관측에 오차가 큰 것 같고, 하나의 자료만으로 나온 결과에 너무 실망할 필요가 없다고 위로해주었다.

1996년에 박사학위를 받은 리스는 이제 박사 후 연구원으로 자리를 잡아야 했다. 하지만 팀원들이 여러 곳에 흩어져 있는 높은 적색편이 초신성 탐색 팀은 박사 후 연구원을 고용할 만한 예산이 없었다. 예산이 있었던 버클리의 초신성 우주론 프로젝트 팀이 리스에게 합류를 제안한 것은 당연한 일이었을 것이다. 그런데 리스는 버클리로 가기는 했지만 초신성 우주론 프로젝트 팀에 들어가는 대신 Ia형 초신성과 Ib형 초신성을 구분한 초신성 분광의 전문가이자 버클리 대학의 천문학과 교수인 알렉스 필리펜코에게로 갔다.

필리펜코는 원래 초신성 우주론 프로젝트 팀의 일원이었는데 1995년 높은 적색편이 초신성 탐색 팀에 합류하기를 원해서 브라이언 슈밋에게 연락했다. 하지만 슈밋은 다른 팀의 연구자를 가로채오는 것처럼 보이고 싶지 않아서 처음에는 그의 제안을 거절했다. 하지만 필리펜코의 연구 능력과 세계 최대의 망원경인 켁 망원경의 사용 권한은 팀에 큰 도움이 될 것이 너무나 분명했다. 그래서 1996년 그가 다시 높은 적색편이 초신성 탐색 팀에 합류 의사를 밝히자 팀은 망설이지 않고 그를 받아들였다. 아마도 천문학자들이 중심이 된 느슨하고 자유로운 분위기의 높은 적색편이 초신성 탐색 팀이 필리펜코에게 더 잘 맞았던 것으로 생각된다. 높은 적색편이 초신성 탐색 팀이 열심히 연구를 진행해나가는 동안 훨씬 더 일찍 이 프로젝트를 시작한 초신성 우주론 프로젝트 팀은 본격적으로 연구 결과를 내놓기 시작했다.

초신성 우주론 프로젝트 팀의
앞선 성과들

덴마크의 천문학자들에게 멀리 있는 초신성의 최초 발견이라는 성과를 뺏긴 초신성 우주론 프로젝트 팀은 중요한 문제를 해결해야 했다. 바로 연구비를 안정적으로 확보하는 것이었다. 다행히 버클리 대학이 1989년 국가 과학 재단(National Science Foundation, NSF)의 지원금을 따내 입자 천체물리학 센터(Center for Particle Astrophysics, CfPA)를 설립했다.

이 센터의 목적은 여러 가지 방법으로 우주의 암흑물질을 연구하는 것이었다. 어떤 팀은 우리 주변에 있는 암흑물질을 감지할 수 있는 실험 장비를 개발하고, 또 다른 팀은 우주배경복사에서 암흑물질의 흔적을 찾는 연구를 했다. 그리고 초신성 우주론 프로젝트 팀의 역할은 우주의 팽창 속도가 암흑물질에 의해 얼마나 늦춰지는지를 찾아내는 것이었다. 우리 우주가 편평한 우주라면 적색편이 값이 0.5인 초신성은 25퍼센트 더 밝게 보여야 했다. 이것이 초신성 우주론 프로젝트 팀이 얻어내야 하는 결과였다. 그래서 CfPA가 연구비의 절반을 제공하고 팀이 탄생한 로런스 버클리 실험실이 나머지 절반을 제공했다.

하지만 연구비를 지속적으로 지원받기 위해서는 연구비를 제공하는 기관에 보여줄 만한 뚜렷한 성과를 거두어야만 했다. 그러기 위해서는 역시 망원경 관측 시간을 확보하는 것이 가장 중요한 문제였지만 검증되지 않은 제안서로는 관측 시간을 얻어내기가 쉽지 않았다. 그리고 초신성 우주론 프로젝트 팀의 구성원들은 대부분 천문학자라기보다는 물리학자로 인정받은 사람들이어서 천문학자들과 망원경 시간을 얻기 위해 경쟁하는 것이 불리할 수밖에 없었다. 더구나 초신성이 언제 어디에서 나타날지 모르기 때문에 특정한 시간과 대상을 정해서 관측 시간을 제안하기도 어려웠다. 가장 좋은 방법은 최대한 넓은 하늘을 계속해서 관측하는 것이지만 경쟁이 치열한 망원경 관측 시간으로 이것은 절대 불가능한 일이다. 그리고 멀리 있는 초신성은 당연히 몹시 어둡기 때문에 하늘이 어두운 날 관측해야 한다.

밤하늘이야 당연히 어두운 것이지만 달이 밝게 떠 있다면 어두운 천체를 관측하기가 매우 어려워진다. 그러므로 달이 뜨지 않는 그믐이나 초하루 근처의 관측 시간을 확보해야 하는데 이것은 경쟁이 더욱 치열할 수밖에 없다. (천문과학관에서 자주 하는 야간 천체 관측 행사도 달이 너무 밝은 보름 근처는 피한다. 하지만 천체 관측 행사에서 달은 매우 인기 있는 관측 대상이기 때문에 달을 아예 볼 수 없는 날도 좋지 않다. 그래서 관측 행사 일정을 반달이 뜨는 상현 무렵으로 잡는 것이 일반적이다. 그렇다면 하현 때는 어떨까? 달이 밤 12시에 뜨기 때문에 관측 행사를 하기에는 너무 늦은 시간이다.) 그래서 펄머터는 짧은 관측 시간에 많은 초신성을 발견할 수 있는 가장 효율적인 방법을 개발해냈다.

초신성이 어느 은하에서 발견될지는 아무도 예측할 수 없다. 하지만 한꺼번에 많은 은하를 관측하면 초신성을 발견할 확률을 높일 수 있다. 멀리 있는 은하들은 크기가 작아서 좁은 영역에 많은 은하가 모여 있기 때문에 이 부분은 오히려 더 유리하다. 펄머터는 Ia형 초신성은 폭발 후 최대 밝기에 이르는 시간이 약 20일이라는 사실에 주목했다. 그가 세운 전략은 이렇다.

우선 달빛이 거의 없는 초승달 직후에 50~100장의 멀리 있는 은하들을 관측한다. 사진 1장에는 약 750개의 은하가 포함되어 있다. 그리고 약 20일이 지난 후 초승달이 되기 직전에 다시 같은 은하들을 관측한다. 관측한 은하들의 수는 4만~7만 개가 되기 때문에 확률적으로 적어도 5~6개의 초신성이 관측된다. 여기서 발견된 초신성들은 곧바로 후속 관측을 통해 광도 곡선과 스펙트럼을 얻는다.

이 방법을 이용하면 많은 관측 시간을 사용하지 않고도 달빛을 피하여 관측할 수 있고, 초승달 직전에 초신성 발견이 이루어지기 때문에 후속 관측도 쉽게 진행할 수 있다. 이제 특정한 시간을 정해서 관측 시간을 신청할 수 있고, 많은 시간이 필요하지 않기 때문에 관측 시간을 얻기도 더 쉬워진다.

일단 초신성이 발견되면 후속 관측은 대체로 잘 이루어지는 편이다. 새롭게 발견된 초신성은 즉시 《국제천문연맹회람》지를 통해서 전 세계 천문학자들에게 알려진다. 그러면 많은 사람들이 자발적으로 후속 관측을 진행하게 된다. 그리고 펄머터는 자신들이 발견한 초신성을 다른 관측자들이 후속 관측을 하도록 만드는 뛰어난 능력을 가지고 있었다. 초신성은 다른 대부분의 천체들과는 분명히 다르다. 대부분의 천체는 내년에도 그 자리에 있다. 그러므로 오늘 밤에 관측을 하지 못하더라도 내년에 다시 할 수 있다. 하지만 초신성은 지금 당장 관측하지 않으면 영원히 사라지므로 다시는 관측할 수 없게 된다. 펄머터는 전 세계의 망원경 조정실에 지금 누가 있는지 알아낸 다음 그들에게 전화를 걸어 오늘 밤 예정되어 있는 관측보다 자신들이 발견한 초신성 후속 관측이 더 중요하다고 설득하는 데 탁월한 능력을 보였다. 1994년 커시너와 리스가 펄머터의 전화를 받게 된 것도 바로 이런 경우였다.

어쨌든 후속 관측이 원활하게 이루어지려면 새롭게 발견된 초신성을 국제천문연맹이 빨리 알려주는 것이 중요하다. 그래서 펄머터는 이 방법으로 처음 초신성 관측을 시작할 때 국제천문연맹의 담당자에게 연락하여 앞으로 20일 후에 초신성 5~6개가 발견될 것이라고 미리 이야기했고 담당자는 코웃음을 쳤다. 지금까지 그 누구도 초신성 발견을 예고한 적은 없었고, 한 번에 하나 이상의 초신성이 동시에 발견된 적도 없었기 때문이다. 하지만 '덩어리'(batch) 관측 전략이라고 부른 이 방법은 멋지게 성공했고 이제 초신성은 주기적으로 발견되는 대상이 되었다. 그리고 이것은 초신성 발견의 보편적인 방법이 되었다.

발견한 Ia형 초신성을 거리 측정의 확실한 도구로 사용할 수 있느냐 하는 것은 초신성 우주론 프로젝트 팀에게도 역시 중요한 문제였다. 초신성의 최대 밝기가 어두워지는 속도와 연관이 있다는 마크 필립스의 발견은 그래서 이 팀에게도 매우 중요한 것이었다. 초신성 우주론 프로젝트 팀은 이 결과에 착안하여 '늘이기 인자'(stretch factor)라는 방법을 개발했다. 이 방법은 기본적으로 애덤 리스의 광도 곡선 모양 맞추기 방법과 비슷하다. 광도 곡선 모양 맞추기 방법은 기준이 되는 광도 곡선과 관측 자료를 세로 방향(밝기 방향)으로 움직여 맞추는 것인 데 반해 늘이기 인자는 기준이 되는 광도 곡선을 가로 방향(시간 방향)으로 늘여서 관측 자료와 맞추는 방법이다.(그림 III-11) 광도 곡선의 모양을 정교하게 분석하는 광도 곡선 모양 맞추기 방법에 비해 이 방법은 늘이기 인자라는 하나의 변수에만 의존하기 때문에 훨씬 더 간단하다는 장점이 있다. 하지만 그렇다고 해서 애덤 리스의 업적이 중요하지 않게 되는 것은 절대 아니다.

늘이기 인자 방법이 결과적으로는 맞는 방법이지만 그것이 맞는다는 것은 광도 곡선 모양 맞추기 방법과 잘 일치함으로써 검증되었다. 광도 곡선 모양 맞추기 방법이 나오지 않았다면 다른 연구자들은 늘이기 인자 방법에 대해서 끊임없이 의문을 제기했을 것이다. 초신성 우주론 프로젝트 팀 역시 광도 곡선 모양 맞추기 방법이 나왔기 때문에 자신들의 방법을 확신을 가지고 사용할 수 있었을 것이다. 그리고 광도 곡선 모양 맞추기 방법은 다색 광도 곡선 모양 맞추기 방법으로 확장되어 성간 먼지의 효과까지 보정할 수 있는 방법으로 발전했다. 늘이기 인자 방법으로는 이 문제를 해결할 수 없었고, 이 부분은 초신성 우주론 프로젝트 팀의 가장 큰 약점이었다. 하지만 더 많은 관측 자료를 확

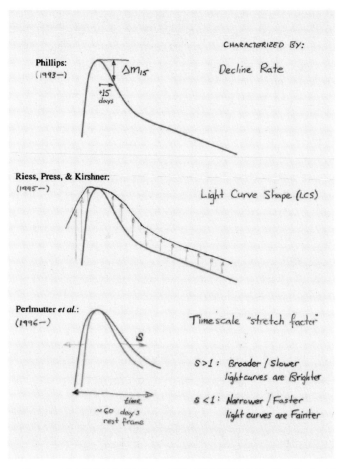

<그림 III-11> 마크 필립스와 애덤 리스, 그리고 펄머터의 방법을 비교한 그림. 마크 필립스는 밝기가 어두워진 정도를 측정하고, 리스는 세로 방향(밝기 방향)으로 이동시켜 맞추고, 펄머터는 가로 방향(시간 방향)으로 늘여서 맞춘다.(R24)

보한 초신성 우주론 프로젝트 팀이 결국은 더 빨리 결과를
발표했다. 그런데 그들이 처음 발표한 결과는 우주가 가속
팽창하고 있다는 사실을 보여주는 것이 아니었다.

감속 팽창하는 우주?

　'덩어리' 관측 전략으로 무장한 초신성 우주론 프로젝트
팀은 꾸준히 초신성 자료를 쌓아나갔다. 초신성 관측이 한
창 진행되던 1997년, 초신성 우주론 프로젝트 팀은 우주의
팽창 속도를 측정한 최초의 논문을 발표했다.(R31) 그런데
이 논문은 그때까지 발견된 28개 이상의 초신성들 중에서
초기인 1992년에서 1994년에 발견된 7개의 초신성 자료만
을 분석하여 작성한 것이었다.

　우주의 팽창 속도를 측정한다는 것은 우주가 어떻게 구
성되었는지를 알아낸다는 뜻이다. 그 방법은 관측 결과를
이론적인 모형과 비교하는 것이다. 이론적인 모형은 물론
아인슈타인의 일반 상대성 이론을 이용한 것이다. 그리고
둘을 비교하는 장소는 허블 다이어그램이다. 허블이 우주
의 팽창을 밝히며 처음 만들어낸 허블 다이어그램은 x축은
은하까지의 거리, y축은 은하의 후퇴 속도로 이루어져 있

다.(〈그림 II-7〉, 〈그림 II-8〉 참조) 하지만 지금은 보통 오차가 작은 은하의 후퇴 속도를 x축에, 그리고 오차가 큰 은하까지의 거리를 y축에 표시한다. 은하까지의 거리는 허블처럼 실제 값을 사용하거나 거리 지수를 사용하기도 하고, 초신성일 경우에는 거리가 보정된 겉보기 등급을 사용하기도 한다.

그런데 은하의 후퇴 속도는 대부분 적색편이 z로 표시한다. 사실 관측으로 측정하는 것은 은하의 후퇴 속도가 아니라 적색편이 값이다. 은하의 후퇴 속도가 크지 않은 가까운 우주에서는 적색편이의 값에 빛의 속도를 곱하면 은하의 후퇴 속도 값을 간단하게 구할 수 있다. 하지만 은하의 후퇴 속도가 빛의 속도에 비해서 무시할 수 없을 정도로 큰 먼 은하에서는 은하의 후퇴 속도를 구하는 공식이 아인슈타인의 특수 상대성 이론으로 주어지는 복잡한 형태를 가지기 때문에 그냥 실제로 관측된 적색편이 값을 쓰는 것이 더 간편하다. z값이 1이라는 것은 모든 빛의 파장이 두 배가 되었다는 의미이고 이때의 속도는 빛의 속도의 약 60퍼센트이다.

그리고 아인슈타인의 방정식을 이용하면 적색편이 값은 빅뱅 이후 지나간 시간의 비율도 알 수 있게 해준다. 그 비율은 편평한 우주에서는 $1/(1+z)^{3/2}$과 같다. 멀리 있는 은하를 보는 것은 은하의 과거의 모습을 보는 것인데, 우리가 우주의 나이가 얼마일 때의 은하의 모습을 보고 있는지 알 수 있다는 말이다. 예를 들어 바로 옆에 있는 z가 0인 은하는 그 비율은 1이 되어 현재의 모습을 보는 것이고, z가 1인 은하는 그 비율이 $1/2.8$이 되므로 우주 나이의 $1/2.8$, 약 35퍼센트일 때의 모습을 보는 것이다. 즉 우주의 나이가 138억 년이라면 우리가 보는 z가 1인 은하는 우주의 나이가 약 49억 년일 때의 은하의 모습이다. 현재까지 발견된 가장 멀리 있는 은하는 z가 8.6으로, 우주의 나이가 불과 약 6억 년일 때의 은하의 모습이다.(R32) 현재 우주의 나이는 약 138억 년으로 비교적 정확하게 알려져 있지만 혹시 이 값이 수정된다 하더라도 편평한 우주에서는 적색편이 값만 알면 나이의 비율은 정확하게 알 수 있다.

일반 상대성 이론 방정식을 이용하면 우주의 물질-에너지 밀도 Ω값에 따라 허블 다이어그램이 어떤 모양이 되어야 하는지 이론적으로 계산할 수 있다. 물질-에너지 밀도 Ω는 물질 밀도인 Ω_M과 에너지 밀도인 Ω_Λ로 나눌 수 있는데 이 두 변수가 우주의 모습을 결정하는 핵심 변수가 된다. 여러 조합의 Ω_M값과 Ω_Λ값을 이용하여 구한 이론적인 값들 중 관측 결과와 가장 잘 맞는 조합을 찾아내는 것이 바로 관측 결과와 이론적인 모형을 비교하는 방법이다. Ω_M과 Ω_Λ값이 이렇게 결정되면 우주의 팽창 속도를 계산할 수 있다.

〈그림 III-12〉는 초신성 우주론 프로젝트 팀이 7개의 초신성 관측 자료를 이론적인 값과 비교한 것이다. 여기서는 허블 다이어그램의 y축은 초신성의 겉보기 등급으로, x축의 위쪽은 적색편이 z값, 그리고 아래쪽은 적색편이에 빛의 속도 c를 곱한 값에 로그를 취한 값으로 표시했다. 이 $\log(cz)$는 후퇴 속도와 연관된 값이다. 위쪽은 초신성의 관측된 겉보기 등급이고 아래쪽은 그것을 광도 곡선 모양에 맞추어 보정한 겉보기 등급이므로 아래쪽 다이어그램을 살펴보면 된다. 여기서 선과 점선은 이론적으로 계산한 값이고, 오차 막대를 가진 점들은 관측 결과이다. 적색편이가 0.1보다 작은 가까운 초신성 자료는 그림에 표시된 대로 하뮈의 1995년 논문에서 가져온 것이고, 초신성 우주론 프로젝트 팀이 관측한 멀리 있는 7개의 초신성은 오른쪽 위쪽에 표시되어 있다.

각 선과 점선은 다양한 Ω_M과 Ω_Λ를 이용하여 계산한 값들이다. 우선 선들 중에서 맨 위의 선은 $(\Omega_M, \Omega_\Lambda)=(0,0)$으로 텅 빈 우주, 중간 선은 $(\Omega_M, \Omega_\Lambda)=(1,0)$으로 편평한 우주, 그리고 맨 아래의 선은 $(\Omega_M, \Omega_\Lambda)=(2,0)$으로 닫힌 우주인 경우에 해당하는 허블 다이어그램의 모습이다. 이 선들은 모두 우주 상수 Ω_Λ는 0인 경우를 계산한 것이다. z가 0.1

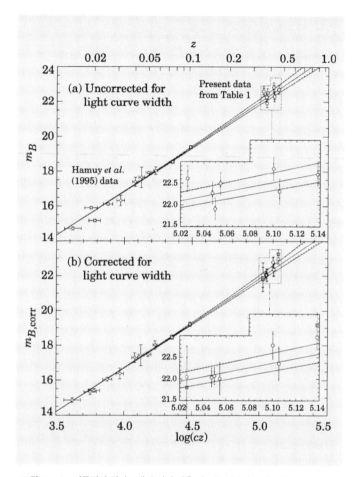

<그림 III-12> 이론적인 값과 7개 초신성 관측 자료를 비교한 그림. 위쪽 그래프는 밝기 보정을 하지 않은 것이고, 아래쪽 그래프는 보정을 한 것이다. 아래쪽 그래프를 중심으로 살펴보면 된다. 그림 설명은 본문 참조.(R31)

보다 작은 곳에서는 이 선들은 거의 구별이 불가능할 정도로 겹친다. 우주의 구성 성분을 알아내기 위해서 멀리 있는 은하들의 거리를 알아내야 하는 이유다. 그리고 텅 빈 우주의 팽창 속도가 가장 빠르기 때문에 다이어그램의 위쪽에 위치하고 닫힌 우주의 팽창 속도가 가장 느리기 때문에 가장 아래쪽에 위치하게 된다. 각각의 선과 거의 겹쳐서 보이는 3개의 점선은 각각 $(\Omega_M, \Omega_\Lambda)$=(0.5, 0.5), (1,0), (1.5, -0.5)인 경우를 계산한 것이다. 이 세 경우는 모두 Ω_M과 Ω_Λ의 합 Ω_{total}이 1인 편평한 우주의 경우에 해당한다.

이 논문에서 초신성 우주론 프로젝트 팀은 관측 결과와 가장 잘 맞는 모형은 우주 상수가 0인 우주에서는 Ω_M=0.88, 편평한 우주에서는 Ω_M=0.94, Ω_Λ=0.06이라고 발표했다. 〈그림 III-12〉의 이론적인 선들 중에서 가운데 선과 가장 가까운 값이다. 이것은 우주 상수가 거의 0에 가깝고 질량 밀도가 매우 큰, 팽창 속도가 점점 감속하고 있는 우주를 의미하는 것이다. 하지만 이 그래프를 보면 알 수 있듯이 확실한 결론을 내리기에 7개의 관측 자료는 너무 적다는 것은 누구나 인정할 수밖에 없었다. 그리고 이 7개의 초신성은 가장 먼저 발견된 초신성들이었다. 이후 '덩어리' 관측 전략으로 발견된 초신성들은 후속 관측이 더 잘 이루어졌기 때문에 훨씬 더 정확한 관측 결과를 제공해줄 수 있는 것이었다. 결론을 내리기에는 아직 일렀다.

높은 적색편이 초신성 탐색 팀은 1995년부터 멀리 있는 초신성을 지속적으로 발견해왔지만 초신성 우주론 프로젝트 팀의 논문이 발표된 1997년 중반까지 뚜렷한 결과를 내지 못하고 있었다. 멀리 있는 초신성 관측과 분석에는 많은 시간이 필요했기 때문이다. 일단 초신성 후보가 발견되면 그것이 초신성이 맞는지, 그리고 어떤 형태의 초신성인지 알아내기 위해 그 별의 스펙트럼을 관측해야 한다. 그 스펙트럼은 그 초신성의 적색편이 값을 알아내는 데에도 이용된다. 그런데 초신성에서 오는 빛은 분광기로 들어오는 빛의 1퍼센트도 되지 않기 때문에 이 과정은 매우 정밀하게 이루어져야 한다.

그리고 이어서 이 초신성의 원래 밝기를 알아내기 위해서 광도 곡선을 관측해야 한다. 다색 광도 곡선 모양 맞추기 방법으로 성간 소광을 보정해야 하기 때문에 광도 곡선은 여러 필터에서 관측해야 한다. 초선성의 광도는 최대 밝기가 된 이후 약 한 달 동안 꾸준히 관측해야 한다. 그런데 멀리 있는 초신성은 매우 빠른 속도로 멀어지고 있기 때문에 상대성 이론에 의한 시간 지연 효과가 나타나 더 오랜 기간 동안 관측해야 한다. 적색편이 값이 1인 초신성은 두 배의 시간이 지연되기 때문에 그 초신성의 한 달 동안의 변화는 지구에서는 두 달 동안으로 관측된다. 그러므로 이 초신성은 최소한 두 달 동안 지속적으로 관측해야 한다.

이것이 끝이 아니다. 초신성은 은하에 포함되어 있는 별에서 나타나기 때문에 초신성의 정확한 밝기를 구하기 위해서는 초신성을 포함하고 있는 은하에서 오는 빛을 빼주어야 한다. 이를 위해서는 초신성이 포함된 관측 자료에서 초신성이 포함되어 있지 않은 은하의 관측 자료를 빼주면 된다. 그런데 초신성이 나타나기 전에 이 은하를 관측한 자료가 있으면 그것을 이용하면 되지만 그런 경우는 거의 없다. 그러므로 초신성이 완전히 어두워진 1년 후 이 은하를 다시 관측해야만 한다. 1995년부터 초신성을 발견해온 높은 적색편이 초신성 탐색 팀이 1997년 중반까지 뚜렷한 결과를 내지 못하고 있었던 이유다.

그리고 커시너는 높은 적색편이 초신성 탐색 팀이 결과를 내는 데 오래 걸린 이유의 하나로 닉 선체프를 지목했다. 선체프는 관측 자료 분석에 지나치게 철저하여 모든 것을 의심하고 보는 사람이었다. 필터에 문제가 있을 수도 있고, 밝기를 구하는 데 사용한 표준 별이 잘못된 것일 수도 있고, 날씨가 생각보다 나빴을 수도 있고, 자료 분석 프로그램에 오류가 있을 수도 있었다. 그는 자료를 분석한 사람이 모든 과정을 바르게 수행했다고 믿는 법이 없었다. 모든 경우를 철저하게 검토한 후에야 분석이 옳게 되었다고 결론을 내렸다. 그 때문에 자료 분석 시간이 오래 걸렸다. 하지만 장점은 그가 옳다고 하면 정말로 옳은 것으로 믿어도 된다는 것이었다. 높은 적색편이 초신성 탐색 팀이 상대적으로 적은 관측 자료로도 정확한 결과를 내고 그 결과에 대해서 자신감을 가질 수 있었던 이유는 이런 철저한 자료 분석 과정에 있었다.

"안녕, 람다"

1997년 중반까지 높은 적색편이 초신성 탐색 팀은 멀리 있는 초신성 10여 개를 발견했다. 초신성 수로는 초신성 우주론 프로젝트 팀과 비교할 수 없을 정도로 적지만 높은 적색편이 초신성 탐색 팀의 장점은 허블 우주망원경으로 관측한 초신성 자료가 있다는 것이었다. 허블 우주망원경으로 초신성을 관측하는 것은 간단한 일이 아니다. 허블 우주망원경은 약 90분에 한 바퀴씩 지구 주위를 도는데 어떤 대상을 관측할 것인지는 일주일 단위로 전송된다. 그 이후의 관측은 자동으로 이루어지기 때문에 갑작스럽게 관측 대상을 바꿀 수가 없다. 지상 망원경처럼 관측자를 설득해서 방금 발견한 초신성을 관측해달라고 부탁할 수 있는 상황이 아닌 것이다.

게다가 우주망원경은 빠르게 움직이면서 태양과 달, 지구 방향을 피해야 하기 때문에 원하는 대상을 제대로 관측하기 위해서는 초신성 관측과 허블 우주망원경의 작동 시스템을 동시에 이해하는 사람이 있어야 했다. 다행히 높은 적색편이 초신성 탐색 팀에 적임자가 있었다. 슈밋과의 우연한 만남으로 커시너와 다시 공동 연구를 진행하고 있던 피트 찰리스였다. 찰리스는 우주망원경 과학 연구소(STSI)의 동료 론 길리랜드(Ron Gilliland)와 함께 모든 복잡한 문제를 해결하면서 허블 우주망원경으로 초신성을 관측하는 데 성공했다.

이렇게 허블 우주망원경으로 관측된 3개의 초신성은 피터 가나비치가 분석했고 그 결과는 높은 적색편이 초신성 탐색 팀에서 처음으로 발견한 멀리 있는 초신성인 1995K와 함께 1997년에 논문으로 제출되었다.(R33) 이 논문의 결론은 물질의 밀도인 Ω_M의 값이 그렇게 크지 않다는 것으로, 1997년 7월에 발표된 초신성 우주론 프로젝트 팀의 7개 초신성을 이용한 결과와는 맞지 않는 것이었다. 둘 중 어느 한쪽의 결과가 잘못된 것이 분명했다. 하지만 아직 결론을 내리기에는 자료의 양이 턱없이 부족했다. 높은 적색편이 초신성 탐색 팀은 지상 망원경으로 관측한 초신성들에 대한 분석을 계속 진행했다.

애덤 리스는 가나비치가 분석한 4개의 초신성에 자신이 분석한 12개의 초신성 자료를 더해 모두 16개의 초신성을 이용하여 결과를 구했다. 초신성들은 예상보다 분명히 더 어두웠다. 리스가 자신의 실험 노트에 기록한 계산 결과는 놀라운 것이었다. 관측 자료를 설명하기 위해서는 우주가 음의 질량을 가져야만 했던 것이다! 음의 질량이라는 것은 존재할 수 없기 때문에 리스는 '혼란스럽고' '절박한' 심정으로 아인슈타인의 우주 상수를 도입할 수밖에 없었다. 우주의 팽창 속도는 감속하는 것이 아니라 가속하고 있어야만 하는 것이었다.(그림 III-13)

리스는 몇 가지 오류의 가능성을 다시 점검했다. 초신성들이 예상보다 더 어둡게 보인 이유는 성간 먼지들이 빛을 가렸기 때문일 수도 있다. 하지만 리스가 개발한 다색 광도 곡선 모양 맞추기 방법은 성간 먼지들의 영향을 보정하기 때문에 그럴 가능성은 없었다. 멀리 있는 초신성들은 우주가 지금보다 훨씬 더 젊었을 때 만들어졌기 때문에 최근에 만들어진 가까이 있는 초신성들과는 다른 물리적 성질을 가지고 있을 수도 있다. 하지만 멀리 있는 초신성과 가까이 있는 초신성의 광도 곡선과 스펙트럼은 구별이 되지 않을 정도로 정확하게 일치했다.

다른 몇 가지 오류의 가능성까지 모두 점검한 리스는 어느 정도 자신감을 가지고 커시너와 슈밋에게 이 결과를 알렸다. 슈밋은 훗날 언론과의 인터뷰에서 리스의 결과를 처

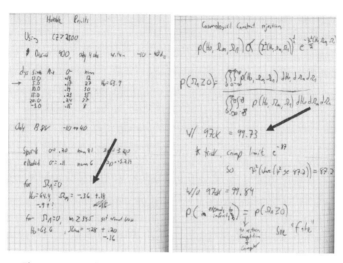

<그림 III-13> 1997년 초신성 관측 자료 결과를 계산한 애덤 리스의 노트. 왼쪽 노트에서 Ω_Λ가 0이라면 Ω_M=−0.36으로 우주가 음의 질량을 가져야 한다는 계산 결과를 볼 수 있다. 오른쪽은 며칠 후 우주 상수가 도입되어야 하는 가능성을 계산한 결과이다. 질량 밀도가 얼마가 되든 상관없이 우주 상수가 도입되어야 하는 가능성은 99.73~99.89퍼센트이다.(R34)

음 접했을 때 자신의 반응은 놀라움과 두려움 사이의 어딘가에 있었다고 이야기했다.

리스의 지도교수였던 커시너는 더욱 조심스러웠다. 지난 50년 동안 대부분의 우주론 관련 논문은 "우리는 Ω_Λ를 0으로 가정한다"고 시작하거나 아예 그런 말도 없이 그것을 당연한 것으로 전제하고 있었다. 우주 상수는 너무 위험하다. 하지만 리스의 결과에서 오류를 찾지는 못했다. 커시너는 리스에게 이렇게 말했다. "애덤, 이것이 틀렸을 경우에 받게 될 비난은 최초의 발견으로 받게 될 상보다 훨씬 더 클 것이네." 리스가 대답했다. "상이라구요? 저에게 상을 주실 생각이셨어요?"(R22, 214쪽)

그들은 이메일을 주고받으며 리스의 결과를 다시 한 번 철저하게 점검했다. 그리고 1998년 1월 8일, 그들은 우주가 가속 팽창하고 있다는 결론에 확실하게 동의했다. 이 날 슈밋이 리스에게 보낸 이메일의 제목은 "안녕, 람다(Hello Lambda)"였다. 람다(Λ)는 우주 상수를 뜻하는 기호다. 그리고 그들은 바로 다음 날에 열리는 미국 천문학회 미팅에서 팀의 다른 멤버들에게 자신들의 결과를 이야기하기로 했다.

철저하게 점검하긴 했지만 그들은 여전히 혼란스러웠다. 우주 상수는 이전에도 여러 번 특이한 관측 결과를 설명하기 위해 도입된 적이 있었지만 그 결과는 항상 관측 오류로 밝혀졌기 때문이다. 특히 1997년 중반에 발표된 초신성 우주론 프로젝트 팀의 결과와는 완전히 상반된 것이었기 때문에 어느 누구도 자신들의 말도 안 되는 결과를 진지하게 받아들여주지 않을 것이라고 생각했다.

1월 9일, 미국 천문학회 기자 회견에서 피터 가나비치는 자신들의 결과가 상당히 작은 Ω_M을 가진다는 결과를 발표했다. 그런데 놀랍게도 바로 같은 장소에서 솔 펄머터가 40개의 초신성 관측 자료를 분석한 새로운 결과를 발표했다. 이들의 결과는 사실 이미 1월 1일자 《네이처》지에 발표된 것이었다.(R35) 그들의 결과 역시 초신성들이 예상보다 더 어둡다는 것이었다. 하지만 초신성 우주론 프로젝트 팀은 자신들의 결과를 크게 강조하지는 않았다. 그들의 자료는 오차가 너무 컸고, 특히 성간 먼지에 대한 보정이 이루어지지 않았다. 그들이 사용한 늘이기 인자 방법은 리스의 다색 광도 곡선 모양 맞추기 방법과는 달리 성간 먼지에 대한 보정이 포함되지 않았기 때문이다. 아직 두 팀 모두 가속 팽창하는 우주를 주장하지는 않았다.

리스는 다른 팀원들에게 자신의 결과를 알려준 다음 1월 10일 결혼식을 올리고 신혼여행을 떠났다. 리스가 신혼여행을 간 사이 팀원들은 각자 리스의 결과를 점검하면서 연락을 주고받았다. 리스는 노벨상 수상 강연 논문에서 그 기간 동안 팀원들이 주고받은 이메일을 소개했다.(R34)

알렉스 필리펜코

1998년 1월 10일 오전 10:11, 미국 버클리

"애덤이 신혼여행을 떠나면서 환상적인 자료를 보여주었

습니다. 우리 자료는 우주 상수가 0이 아니라는 것을 암시하고 있습니다! 누가 알겠습니까? 이것이 옳은 답일 수도 있죠."

브루노 라이번구트

1998년 1월 11일 오전 4:19, 독일 가칭

"우주 상수와 관련해서 저는 애덤과 모든 팀원들에게 우리가 이 결과를 방어할 준비가 되어 있는지 묻고 싶습니다. 우리가 옳은 답을 가지고 있다는 확신이 없다면 논문을 쓸 수가 없습니다."

브라이언 슈밋

1998년 1월 11일 오전 7:13, 오스트레일리아

"새로운 초신성들이 (우주 상수가) 0보다 크다고 이야기하고 있는 것은 사실입니다…… 이 결과를 얼마나 확신할 수 있을까요? 저는 아주 당황스럽습니다……"

마크 필립스

1998년 1월 12일 오전 4:56, 칠레

"진지하고 책임감 있는 과학자로서(하하!) 우주 상수의 값에 대해서 확실한 결론을 내리기에는 **지나치게 이르다**는 것을 우리 모두 알고 있을 것입니다……"

로버트 커시너

1998년 1월 12일 오전 10:18, 미국 샌타바버라

"저는 걱정스럽습니다. 마음으로는 (우주 상수가) 틀렸다는 사실을 여러분도 알고 있을 것입니다. 하지만 우리 머리는 그것은 우리가 상관할 바가 아니고 우리는 그저 관측 결과를 알려주는 것뿐이라고 이야기하고 있습니다…… '(우주 상수는) **분명히** 0이 아니다'라고 말했다가 내년에 철회하는 것은 바보 같은 짓일 것입니다."

존 톤리

1998년 1월 12일 오전 11:40, 하와이

"자기홀극 발견이나 다른 실수들을 누가 기억하고 있나요? ……적절한 반대 의견과 함께 우리의 결과를 발표하는 것을 부끄러워할 필요는 없다고 생각합니다……"

알렉스 필리펜코

1998년 1월 12일 오후 12:02, 미국 버클리

"우리가 틀린 것으로 밝혀진다면 어쩔 수 없는 것입니다. 하지만 적어도 경주에 참가는 한 것입니다."

애덤 리스

1998년 1월 12일 오후 6:36

(신혼여행 중인 밤에 아내의 차가운 시선을 느끼면서 보냄) "우리의 결과는 놀랍고 심지어는 충격적입니다. 저는 좀 더 확인을 해보고 싶어서 그동안 아무에게도 결과를 말하지 않았습니다. 저는 (다른 팀이) 먼저 하기 전에 결과를 논문으로 썼으면 합니다…… 자료는 우주 상수가 0이 아니라고 해야 설명이 됩니다! 이 결과를 마음이나 머리가 아닌 눈으로 접근합시다. 결국 우리는 관측자니까요!"

알레잔드로 클로치아티

1998년 1월 13일 오전 7:30, 칠레

"아인슈타인도 우주 상수로 실수를 했는데 우리도 실수 좀 하면 어떻습니까?"

닉 선체프

1998년 1월 13일 오후 1:47, 칠레

"애덤, 정말 열심히 논문을 준비하기 바랍니다. 팀원들 말이 다 맞습니다. 우리는 우리 스스로가 믿을 수 있을 정도로 아주 주의 깊고 충분한 논의가 들어간 좋은 논문을 발표할 필요가 있습니다…… 당신이 우주 상수가 0이 아니라는 사실을 확신한다면, 세상에, 발표하세요! 주 저자로서의 책임을 져야 합니다. 정말로 진지하게 말하는데, 아마도 평생 이보다 더 흥미로운 과학적인 결과는 결코 얻을 수 없을 것입니다."

신혼여행에서 돌아온 리스는 팀원들과 함께 다시 한 번 모든 오류의 가능성을 확인했다. 초신성 우주론 프로젝트 팀이 자료의 오차를 아직 해결하지 못하고 있긴 하지만 그들은 똑똑한 사람들이기 때문에 분명히 해결책을 찾아낼 것이다. 너무 조심만 하다가는 최초의 발표를 뺏길 수도 있다. 가장 적극적인 사람은 언제나 긍정적인 알렉스 필리펜코였다. 그의 논리는 간단했다. '관측 자료는 분명히 우주의 가속 팽창을 보여준다. 초신성 우주론 프로젝트 팀은 같은 결론에 거의 도달하고 있지만 아직 발표할 단계는 아니다. 늦기 전에 우리가 먼저 발표하자.'

그리고 2월 18일, 미국 UCLA에서 '암흑물질 컨퍼런스'가 열렸다. 초신성 우주론 프로젝트 팀의 거슨 골드하버와 솔 펄머터가 먼저 발표를 했다. 그들은 42개의 초신성으로 만든 허블 다이어그램을 가지고 있었다. 그들의 자료는 우주 상수가 0이 아닐 가능성을 강하게 보여주고 있었지만 오차를 해결하지 못했기 때문에 확실한 결론을 내리지는 않았다.

뒤이어 발표에 나선 필리펜코는 멀리 있는 초신성 16개를 분석한 높은 적색편이 초신성 탐색 팀의 연구 결과를 발표했다. 필리펜코는 높은 적색편이 초신성 탐색 팀의 허블 다이어그램을 보여주며 힘주어 말했다. 우리의 자료는 우주가 지난 50억 년 동안 가속 팽창을 해왔다는 분명한 증거를 보여주고 있다!

이 결과는 언론의 폭발적인 관심을 받았고 애덤 리스는 CNN 방송 메인 뉴스에 등장했다. 1년 전만 해도 초신성 우주론 프로젝트 팀에 뒤져 있던 높은 적색편이 초신성 탐색 팀이 더 먼저 확실한 결과를 발표한 것이다. 약 1년 전에 골드하버를 만난 커시너가 "우리 팀이 몇 개월 뒤져 있다"고 애기하자 "몇 개월이 아니라 몇 년이겠죠"라고 대답했던 골드하버는 훗날 《뉴욕 타임스》와의 인터뷰에서 "그들은 겨우 16개의 초신성밖에 없었고 우리는 42개나 있었지만 우리가 더 늦었다"고 인정했다.(R22, 221쪽)

더 적은 수의 초신성을 사용한 높은 적색편이 초신성 탐색 팀이 더 먼저 확실한 결론을 얻을 수 있었던 것은 그들이 초신성 탐색 초기부터 오차를 해결하기 위한 방법에 세심한 주의를 기울였기 때문이다. 여기에는 커시너의 예측대로 관측 경험이 중요한 역할을 했다. 높은 적색편이 초신성 탐색 팀은 많은 수의 가까운 초신성을 관측하면서 광도 함수를 이용하여 밝기를 보정하는 방법과 색지수를 이용하여 먼지의 효과를 제거하는 방법을 꾸준히 발전시켜왔다. 반면 초신성 우주론 프로젝트 팀은 가장 중요한 먼지의 효과 문제에 미리 대비하지 못했고 그 문제 때문에 최종 결론에 도달하기까지 오랜 시간이 걸린 것이다.

이 결과를 정리한 높은 적색편이 초신성 탐색 팀은 애덤 리스를 첫 번째 저자로 한 논문을 「초신성으로 얻은 우주 가속 팽창과 우주 상수에 대한 관측적인 증거」라는 제목으로 1998년 3월 13일에 제출하여 그해 9월에 출판했다.(R36) 그런데 그들은 이 논문을 지금까지 주로 제출해오던 《천체물리학 저널(Astrophysical Journal)》이 아니라 《천문학 저널(Astronomical Journal)》에 발표했다. 이것은 물리학자 출신이 주축이 된 초신성 우주론 프로젝트 팀과 경쟁하던 천문학자 중심의 높은 적색편이 초신성 탐색 팀의 작은 장난이었다. 그리고 9개월 후인 1999년 6월에 솔 펄머터를 첫 번째 저자로 한 초신성 우주론 프로젝트 팀의 논문이 『42개 초신성으로 얻은 Ω와 Λ의 측정 결과』라는 제목으로 출판되었다.(R37)

THE ASTRONOMICAL JOURNAL, 116:1009–1038, 1998 September
© 1998. The American Astronomical Society. All rights reserved. Printed in U.S.A.

OBSERVATIONAL EVIDENCE FROM SUPERNOVAE FOR AN ACCELERATING UNIVERSE
AND A COSMOLOGICAL CONSTANT

ADAM G. RIESS,[1] ALEXEI V. FILIPPENKO,[1] PETER CHALLIS,[2] ALEJANDRO CLOCCHIATTI,[3] ALAN DIERCKS,[4]
PETER M. GARNAVICH,[2] RON L. GILLILAND,[5] CRAIG J. HOGAN,[4] SAURABH JHA,[2] ROBERT P. KIRSHNER,[2]
B. LEIBUNDGUT,[6] M. M. PHILLIPS,[7] DAVID REISS,[4] BRIAN P. SCHMIDT,[8,9] ROBERT A. SCHOMMER,[7]
R. CHRIS SMITH,[7,10] J. SPYROMILIO,[6] CHRISTOPHER STUBBS,[4]
NICHOLAS B. SUNTZEFF,[7] AND JOHN TONRY[11]
Received 1998 March 13; revised 1998 May 6

<그림 III-14> 1998년 9월에 출판된 높은 적색편이 초신성 탐색 팀의 연구 결과 논문.(R36)

THE ASTROPHYSICAL JOURNAL, 517:565–586, 1999 June 1
© 1999. The American Astronomical Society. All rights reserved. Printed in U.S.A.

MEASUREMENTS OF Ω AND Λ FROM 42 HIGH-REDSHIFT SUPERNOVAE

S. PERLMUTTER,[1] G. ALDERING, G. GOLDHABER,[1] R. A. KNOP, P. NUGENT, P. G. CASTRO,[2] S. DEUSTUA, S. FABBRO,[3]
A. GOOBAR,[4] D. E. GROOM, I. M. HOOK,[5] A. G. KIM,[1,6] M. Y. KIM, J. C. LEE,[7] N. J. NUNES,[2] R. PAIN,[3]
C. R. PENNYPACKER,[8] AND R. QUIMBY
Institute for Nuclear and Particle Astrophysics, E. O. Lawrence Berkeley National Laboratory, Berkeley, CA 94720
C. LIDMAN
European Southern Observatory, La Silla, Chile
R. S. ELLIS, M. IRWIN, AND R. G. MCMAHON
Institute of Astronomy, Cambridge, England, UK
P. RUIZ-LAPUENTE
Department of Astronomy, University of Barcelona, Barcelona, Spain
N. WALTON
Isaac Newton Group, La Palma, Spain
B. SCHAEFER
Department of Astronomy, Yale University, New Haven, CT
B. J. BOYLE
Anglo-Australian Observatory, Sydney, Australia
A. V FILIPPENKO AND T. MATHESON
Department of Astronomy, University of California, Berkeley, CA
A. S. FRUCHTER AND N. PANAGIA[9]
Space Telescope Science Institute, Baltimore, MD
H. J. M. NEWBERG
Fermi National Laboratory, Batavia, IL
AND
W. J. COUCH
University of New South Wales, Sydney, Australia
(THE SUPERNOVA COSMOLOGY PROJECT)
Received 1998 September 8; accepted 1998 December 17

<그림 III-15> 1999년 6월에 출판된 초신성 우주론 프로젝트 팀의 연구 결과 논문.(R37)

노벨상 공동 수상으로 끝난
두 팀의 경쟁

높은 적색편이 초신성 탐색 팀은 16개의 초신성을 이용했고, 초신성 우주론 프로젝트 팀은 42개의 초신성을 이용했다. 〈그림 III-16〉은 두 팀의 관측 결과를 합쳐서 이론적인 모형과 비교한 허블 다이어그램이다. x축은 적색편이 값 z, y축은 거리 지수를 사용했다. 그리고 세 종류의 Ω_M과 Ω_Λ의 값을 비교하기 위한 이론적인 모형으로 그렸다. 높은 적색편이 초신성 탐색 팀이 더 적은 자료를 사용했지만 오차나 분산은 더 작다는 것을 알 수 있다.

전체적으로 두 팀의 자료는 대체로 일치하고, $\Omega_M = 0.3$, $\Omega_\Lambda = 0.7$로 그린 이론값과 잘 맞는 것을 볼 수 있다. 그런데 다른 선들도 너무 가까이 있어서 이것만으로 결론을 내리기는 어려워 보인다. 하지만 이 다이어그램의 x축과 y축은 로그 스케일 단위로 그려져 있기 때문에 실제 차이는 그림으로 보는 것보다 훨씬 더 크다.

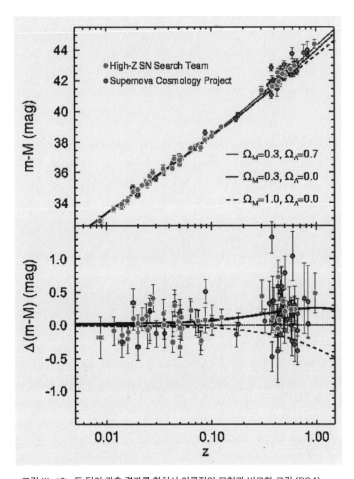

<그림 III-16> 두 팀의 관측 결과를 합쳐서 이론적인 모형과 비교한 그림.(R34)

아래쪽 그림은 좀 더 자세히 볼 수 있도록 위쪽 그림의 중간 선(Ω_M=0.3, Ω_Λ=0.0)을 기준으로 그 차이를 그린 것이다. 이 그림에서 가장 눈에 띄는 것은 확연하게 커진 오차 막대일 것이다. 거의 1퍼센트 이내의 오차로 측정할 수 있는 적색편이 값은 사실상 오차가 거의 없지만 거리 측정의 오차는 거의 15퍼센트나 된다. 오차가 이렇게 큰데 도대체 어떤 결론을 내릴 수 있을지 의심스러울 정도다. 그런데 다시 한 번 강조하지만 자료 분석에서 중요한 것은 하나하나의 값이 아니라 전체의 경향성이다. 그래서 많은 자료가 필요한 것이다. 비록 하나하나의 오차는 크지만 관측 오차는 무작위로 나타나기 때문에 자료의 수가 많으면 오차는 상쇄되고 전체적인 경향성이 중요하게 표현되는 것이다.

인플레이션 우주론을 포함한 표준 우주 모형에 따르면 우리 우주는 편평한 우주가 분명하다. 그러므로 Ω_M과 Ω_Λ의 합은 1이 되어야 한다. 그리고 우주 상수라는 것은 존재하지 않는다고 생각했기 때문에 우리 우주는 Ω_M=1.0, Ω_Λ=0.0인 우주여야 한다. 그런데 이 그림에서 확실하게 알 수 있는 것은 관측 자료의 분포가 Ω_M=1.0, Ω_Λ=0.0의 이론값과는 분명히 차이가 있다는 것이다. 우리 우주가 최소한 우주 상수가 0이고 편평한 우주는 절대 아니라는 사실은 이 그림만으로도 충분히 확인할 수 있다.

분명한 것은 멀리 있는 초신성들은 우주 상수가 0이고 편평한 우주에서 보여야 하는 것보다 더 어둡게 보인다는 것이다. 그만큼 우주의 팽창 속도가 빨랐다는 것인데, 여전히 우주 상수를 0으로 생각한다면 우주의 팽창 속도를 빠르게 할 수 있는 방법은 Ω_M값을 줄이는 수밖에 없다. 은하들의 움직임과 우주에서의 공간적인 분포를 관측해보면 Ω_M은 0.3에 가장 가까운 것으로 보이며 아무리 작아도 0.2보다는 크고 아무리 커도 0.5를 넘지는 못한다. 아래쪽 다이어그램의 기준 선은 바로 이런 우주, 즉 Ω_M은 0.3이며 우주 상수는 0인 우주를 표현한 것이다. 그런데 관측 자료들은 이 기준 선보다도 높은 곳에 위치하고 있는 것으로 보인다. 결국 이런 우주보다 더 빠른 속도로 팽창했다는 사실을 의미하기 때문에 우주를 가속 팽창시키는 우주 상수를 도입하지 않을 수 없는 것이다.

〈그림 III-17〉은 이 결과를 좀 더 통계적인 방법으로 확인하기 위해서 Ω_M과 Ω_Λ값의 범위를 확률로 계산한 것이다. 이 그림의 모든 점은 그 점에 해당하는 Ω_M과 Ω_Λ값을 가지는 하나의 우주 모형이 된다. 그러니까 점 하나가 허블 다이어그램에서 하나의 선이 되는 것이다. 물질 밀도 Ω_M에 비해서 에너지 밀도 Ω_Λ의 값이 훨씬 더 큰 왼쪽 위의 영역은 지금과 같은 우주가 만들어질 수 없는 조건이다. Ω_M과

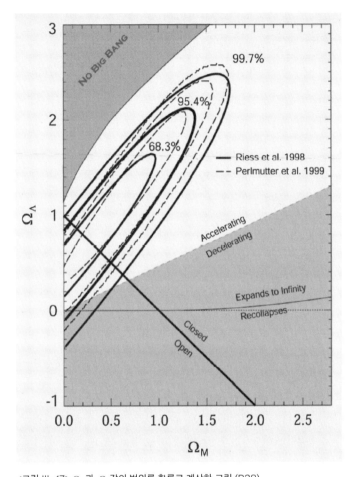

<그림 III-17> Ω_M과 Ω_Λ값의 범위를 확률로 계산한 그림.(R38)

Ω_Λ값이 이 영역으로 들어갔다면 그 자료는 더 이상 살펴볼 필요도 없다. 그림에서 타원들은 두 팀의 관측 자료를 이용하여 Ω_M과 Ω_Λ가 가질 수 있는 확률을 통계적으로 구한 것이다. 이것이 타원 모양으로 나타나는 이유는 초신성 관측으로는 Ω_M과 Ω_Λ값을 독립적으로는 구할 수 없고 그 차이만을 구할 수 있기 때문이다. 가장 작은 타원 안에 있는 값을 가질 확률은 68.3퍼센트, 그리고 가장 큰 타원 안에 있는 값을 가질 확률은 99.7퍼센트라는 의미이다.

타원의 대부분이 가속 팽창 영역에 포함되어 있는 것을 확인할 수 있다. 앞에서 살펴본 $\Omega_M=0.3$, $\Omega_\Lambda=0.0$인 우주도 가장 큰 타원의 바깥쪽에 있는 것을 볼 수 있다. 왼쪽 위에서 오른쪽 아래로 그어진 직선은 Ω_M과 Ω_Λ의 합이 1이 되는 선으로 편평한 우주가 되는 곳이다. 타원들의 중심 부분과 이 선이 만나는 곳이 대략 $\Omega_M=0.3$, $\Omega_\Lambda=0.7$인 지점이라는 것을 알 수 있다. 이것은 우주의 약 30퍼센트는 물질, 약 70퍼센트는 암흑에너지로 구성되어 있다는 것을 의미한다. 우주를 지배하는 것은 밀어내는 중력을 가진 정체불명의 암흑에너지이다. 이 암흑에너지는 우주가 팽창하면 할수록 더 커져서 우리 우주를 영원히 점점 더 빠르게 팽창시킬 것이다.

그런데 왜 가속 팽창을 설명하기 위해서는 암흑에너지라

고 이름 붙인 우주 상수를 도입해야만 하는 것일까? 우주를 가속 팽창시킬 수 있는 어떤 다른 설명은 있을 수 없는 것일까? 현재로서는 다른 설명은 있을 수 없다는 것이 답이다. 아인슈타인은 우주가 팽창도 수축도 하지 않는다고 믿었기 때문에 우주가 내부 물질의 중력에 의해 수축하는 것을 막기 위해서 우주 상수를 도입했다. 아인슈타인은 동료 과학자들에게 우주 상수의 필요성을 설명하기 위해서 우주 상수 이외의 다른 대안은 존재할 수 없다는 것을 보여주어야만 했다. 우리가 일반 상대성 이론 자체가 틀렸다는 것을 보이기 전까지는 눈에 보이지도 않고 만질 수도 없고 오직 우주를 가속 팽창시키는 역할만 하는 항으로 일반 상대성 이론의 방정식에 도입할 수 있는 것은 우주 상수밖에 없다. 그리고 지금까지 무수히 많은 과학자들이 일반 상대성 이론 방정식을 이론적, 실험적으로 테스트했지만 일반 상대성 이론은 아직 단 하나의 테스트도 통과하지 못한 것이 없다. 우리가 암흑에너지가 아닌 다른 무언가가 우주를 가속 팽창시키고 있다는 사실을 발견한다면 그것은 일반 상대성 이론을 능가하는 새로운 이론이 나온 이후가 될 것이다.

1998년 2월 18일에 발표된 '가속 팽창하는 우주'는 언론의 뜨거운 관심을 받았다. 하지만 아무래도 기존의 예측들과는 너무나 다른 결과였기 때문에 다른 사람들, 특히 동료 천문학자들의 반응에 대해서는 걱정하지 않을 수 없었을 것이다. 그런데 다행히도 기대했던 것보다 훨씬 긍정적인 반응을 보였다. 가장 큰 이유는 아마도 초신성 관측 분야에서 가장 경쟁력 있는 두 팀이 독립적으로 같은 결과를 냈기 때문일 것이다. 두 팀은 서로 다른 초신성을 사용했고, 밝기나 성간 소광을 보정하는 방법과 같은 자료 분석 방법도 서로 달랐지만 기본적으로 같은 결과를 얻었다.

만일 어느 한쪽이 잘못된 결과를 얻었다면 그것을 가장 정확하게 지적했을 팀들이 같은 결과를 내었으니 그 결과의 정확성에 대해서 의문을 품을 만한 근거를 찾기가 어려웠을 것이다. 스웨덴 왕립아카데미에서 발표한 노벨 물리학상 해설에도 "물리학과 천문학계가 이 놀라운 결과를 수용하게 된 결정적인 요인으로는 두 개의 연구 그룹이 서로 일치하는 연구 결과를 독립적으로 제시했다는 점을 들 수 있다"고 기록되어 있다.(R39)

서울대학교 물리천문학부의 임명신 교수는 우주 상수의 값이 0인지 아닌지는 1980년대 말부터 이미 논란거리였다고 설명하고 있다. 우리나라 학자들을 포함하여 연구진들은 우주 상수의 존재를 암시하는 연구 결과들을 꾸준히 발표하고 있었다. 박창범 교수(고등과학원) 등 1990년대를 전후하여 우주의 대규모 구조를 연구하고 있던 연구진들은 암흑에너지 없는 편평한 우주로는 우주의 대규모 구조에 대한 관측 사실을 설명하기 힘들기 때문에, 우주의 물질 밀도 Ω_M이 1보다 훨씬 작은 0.2 정도인 우주를 고려해야 한다고 주장했다. 이런 우주 모형에는 Ω_Λ가 0이 아닌 우주도 포함되어 있다. 그리고 이영욱 교수(연세대학교), 박장현 박사(한국천문연구원)를 포함하여 그 당시에 별의 나이를 연구하고 있던 학자들은 구상성단, 타원은하 등에 속해 있는 별의 나이가 당시의 우주 모형에서 예측하는 우주의 나이보다 많다는 사실로부터 암흑에너지의 존재를 조심스럽게 점치기도 했다.

그 외에도 중력 렌즈의 성질을 살펴본 결과 우주 상수가 0이 아닐 가능성도 있다는 내용이 박명구 교수(경북대학교) 등에 의해 발표되기도 했고, 1995년에는 오스트라이커(J. P. Ostriker)와 스타인하트(P. J. Steinhardt)가 여러 연구 결과를 종합하여 Ω_M=0.3, Ω_Λ=0.7이라고 주장하기까지 했다. 하지만 이 방법들을 사용하여 정반대의 결론을 얻은 연구들도 적지 않았기 때문에 우주 상수의 존재 여부는 여전히 논란거리였다.

1990년대 중반 이후에는 구체적인 Ω_Λ를 제시하는 논문도 등장하기 시작했다. 임명신 교수는 1997년 2월에 무거운 은하에 의해 멀리 있는 퀘이사에서 오는 빛이 굴절되는 현상인 '강한 중력 렌즈 현상'을 이용하여 Ω_Λ=0.64라는 연구 결과를 발표했다. 1997년 11월에는 다른 연구자들이 강한 중력 렌즈 현상의 통계로부터 $\Omega_\Lambda=0.8$이라는 연구 결과를 발표하기도 했다. 하지만 중력 렌즈 현상은 렌즈로 작용하는 은하들의 성질이 다소 불확실하다는 약점이 있고, 그 당시 중력 렌즈를 이용한 우주론 연구를 주도했던 그룹이 자신들의 연구에 따르면 Ω_Λ의 값은 0이어야 한다고 강력하게 주장하고 있었기 때문에 학계에 널리 수용되지 못하고 말았다. 결국 암흑에너지의 존재가 학계에 받아들여지게 된 결정적 계기는 초신성 관측을 통해서 얻게 되었고 노벨상은 이것을 발견한 이들에게 돌아갔다.(R39) 비록 노벨상을 수상하지는 못했지만 우주 가속 팽창이 학계에 비교적 쉽게 받아들여지게 된 데에는 그 이전의 이런 노력들이 바탕이 되었다는 것도 부인할 수 없을 것이다.

우주 가속 팽창의 발견은 세계적인 과학 잡지인 《사이언스》지에 의해 1998년도 최고의 발견으로 선정되었다.(그림 III-18) 그리고 그 이후 우주배경복사, 우주의 거대 구조 연구, Ia형 초신성을 이용한 추가 연구 등에서 우주의 가속 팽창을 지지하는 결과들이 속속 등장하여 학계의 중론이 되었고 노벨상 수상에까지 이르게 되었다. 우주의 팽창 속도를 구하기 위한 두 팀의 열띤 경쟁은 결국 노벨상 공동 수상이라는 해피엔딩으로 끝을 맺은 셈이다.

<그림 II-18> 우주 가속 팽창 발견을 1998년도 최고의 발견으로 선정한 《사이언스》지 1998년 12월 18일호의 표지.

암흑물질과 우주의 줄다리기

멀리 있는 초신성 관측으로 우리는 현재 우리 우주가 가속 팽창하고 있다는 사실을 알아냈다. 하지만 우주가 처음부터 지금까지 계속 가속 팽창을 해온 것은 아니다. 우주 가속 팽창의 원인이 되는 암흑에너지는 빈 공간에서 나오는 에너지이기 때문에 우주의 크기가 작았던 초기에는 그 역할이 크지 않았다. 우주 초기에는 물질이 중력에 의해 끌어당기는 힘이 더 커서 감속 팽창을 하다가 빈 공간이 점점 커지면서 암흑에너지의 힘이 더 커져서 가속 팽창을 하게 된 것이다. 우주의 팽창 속도를 늦추려는 중력과 팽창 속도를 가속시키는 암흑에너지의 줄다리기에서 초기에는 중력이 이기다가 암흑에너지의 힘이 점점 커지면서 결국은 암흑에너지의 승리로 끝난 것이다.

현재 우리 우주는 중력을 미치는 물질이 약 28퍼센트, 그리고 가속 팽창을 일으키는 암흑에너지가 약 72퍼센트를

차지하고 있다. 그런데 우주의 약 28퍼센트를 구성하고 있
는 중력을 미치는 물질 중에서 은하나 별과 같이 우리가 눈
으로 볼 수 있는 '보통물질'은 약 4퍼센트밖에 되지 않는다.
나머지 약 24퍼센트는 정체를 알 수 없는 암흑물질로 이루
어져 있다.

암흑물질은 눈에는 보이지 않고 중력 작용으로만 존재를
알 수 있는 물질이다. 암흑물질의 존재를 처음 주장하고 이
것에 이름을 붙인 사람은 스위스 출신의 천재 천문학자 프
리츠 츠비키(Fritz Zwicky)다. 츠비키는 아마도 일반 사람들이
거의 이름을 들어본 적 없는 천문학자치고는 가장 유명한
천문학자일 것이다. 이 책의 가장 중요한 주제이기도 한 폭
발하면서 죽음을 맞이하는 별에 '초신성'(supernova)이라는 이
름을 붙이고 찬드라세카르의 이론을 받아들여서 중성자별
의 존재를 처음 예측한 사람도 바로 츠비키이다.

츠비키는 팔로마 산에 있는 1.2미터 망원경을 이용하여
수백 개의 은하단을 포함한 수만 개의 은하들의 기념비적
인 목록을 만들었고, 큰 은하들보다 작은 은하들이 훨씬 더
많을 것이라고 정확하게 추정했다. 이렇게 중요한 역할을
하고도 이름이 별로 알려지지 않은 이유는 아마도 그가 시
대를 너무 앞서간 사람이기 때문일 것이다. 그가 암흑물질
의 존재를 제안한 것은 우주가 팽창한다는 사실이 알려진

지 채 5년도 되지 않은 1933년이었고, 중성자별은 그가 제안한 지 30년 후에야 발견되었다.

츠비키는 미국으로 이주하여 1920년대부터 1970년대까지 칼텍에서 연구를 했는데 동료 과학자들과 사이가 좋지 않기로 유명했다. 그는 주변 사람들 대부분을 매우 싫어했고 몇몇 사람들에게는 깊은 원한까지 가지고 있었다. 그의 동료 한 사람은 츠비키가 자신을 죽일 수도 있을 것이라고 두려워했고, 학과장은 그를 "자만심이 강하고 매우 자기중심적"이라고 평했다. 그는 자신의 은하 목록 서문에서 동료들의 이름을 거론하여 자신의 아이디어를 훔치고 있다고 비난하면서 그들을 "아첨꾼들"이자 "도둑놈들"이라고 불렀다. 한번은 이렇게 말한 적도 있다. "천문학자들은 구형 나쁜 놈들(spherical bastards)이다. 어떤 방향에서 보든지 그저 나쁜 놈들일 뿐이다."(R02, 208쪽)

1933년, 츠비키는 코마 은하단(Coma Cluster)에 있는 은하들의 속도를 측정하여 그 은하들이 엄청나게 빠른 속도로 움직이고 있다는 사실을 발견했다. 그는 눈에 보이는 빛을 이용하여 코마 은하단 은하들의 전체 질량을 구했다. 그리고 그 은하들이 가지고 있는 전체 중력을 계산했다. 중력의 영향을 받고 있는 어떤 물체가 아주 빠른 속도로 움직이면 그 중력을 벗어나 탈출할 수가 있다. 이것을 '탈출 속도'라고 한다. 예를 들어 우주선이 지구 중력을 벗어나기 위해서는 지구 중력의 탈출 속도인 초속 11킬로미터보다 더 빠르게 움직이면 된다. 츠비키는 코마 은하단에 있는 은하들이 움직이는 속도가 이 은하단의 탈출 속도보다 훨씬 더 크다는 사실을 발견했다. 그렇다면 이 은하들은 모두 이 은하단의 중력을 벗어나 멀리 달아났어야만 했고 은하들이 모여 있는 은하단은 존재할 수가 없다. 그런데 은하단은 분명히 존재하고 있다. 왜 그럴까? 츠비키는 은하단 내에 은하들 외에 우리 눈에 보이지 않는 물질이 많이 있다고 결론을 내렸다. 그리고 그 물질을 암흑물질이라고 불렀다.

1999년 시드니 판덴버그(Sidney van den Bergh)라는 천문학자는 "츠비키의 암흑물질에 대한 연구는 20세기의 가장 심오하고 새로운 통찰력을 보여준 예가 될 것이다"라고 썼다.(R01, 267쪽) 현재 활동하고 있는 천문학자들 중에서 판덴버그의 평가에 이의를 제기할 사람은 아무도 없을 것이다. 하지만 츠비키가 암흑물질의 존재를 제안한 1933년에는 사정이 달랐다. 우리 은하 외에 다른 은하가 존재한다는 사실을 알게 된 것이 10년도 되지 않은 1924년이었고, 우주가 팽창한다는 사실을 알게 된 것은 채 5년도 되지 않은 1929년이었다. 당시의 과학자들로서는 이 두 가지 놀라운 사실을 받아들이고 인정하는 것만도 엄청나게 벅찬 일이었을 것이다.

그러니 지금도 정체를 알지 못하고 있는 암흑물질이라는 이상한 물질에 관심을 가질 과학자가 그 시대에 과연 몇 명이나 있었을까? 암흑물질에 대한 츠비키의 제안은 거의 아무에게도 알려지지 않은 채 잊혀갔다. 그리고 약 30년이 지난 후, 암흑물질이 천문학계에 다시 등장했다.(컬러 삽화 7, 15쪽)

우리 지구가 태양을 중심으로 회전하듯이 태양도 우리 은하의 중심부를 중심으로 회전한다. 태양이 회전하는 속도는 초속 약 250킬로미터에 달한다. 사실은 태양뿐만 아니라 우리 은하 전체가 회전하고 있다. 우리 은하뿐만 아니라 모든 나선은하들이 회전을 하고 있다. 1962년, 조지 가모프(George Gamow)의 제자였던 미국의 여성 천문학자 베라 루빈(Vera Rubin)은 우리 은하의 중심부에서 1만 6천 광년에서 3만 6천 광년 범위에 있는 888개 별들의 회전 속도를 측정했다. 루빈은 우리 은하의 중심에서 2만 5천 광년 이상 떨어져 있는 별들의 회전 속도가 예상과 달리 줄어들지 않는다는 사실을 발견했다.

나선 은하의 별들은 대부분 '팽대부'라고 불리는 은하의 중심부에 모여 있기 때문에 질량도 대부분 은하의 중심부에 모여 있다고 생각할 수 있다. 그렇다면 별들의 회전 속도는 은하의 중심에서 멀어질수록 줄어들어야 한다. 태양계를 생각하면 쉽게 이해할 수 있다. 태양계 전체의 대부분의 질량은 태양계의 중심인 태양에 모여 있다. 태양 주위를 도는 행성들은 태양에서 가까울수록 빠른 속도로 회전하고 멀수록 느리게 회전한다. 이런 사실은 케플러가 처음으로 발견했기 때문에 이런 회전을 가리켜 '케플러 회전'이라고 한다.

그런데 베라 루빈은 우리 은하의 회전 속도 곡선이 케플러 회전을 따르지 않는 것을 발견한 것이다.(그림 III-19) 회전 속도의 곡선이 케플러 회전처럼 거리가 멀어지면서 줄어들지 않고 일정한 속도가 되면서 편평한 곡선이 되기 때문에 천문학자들은 이런 회전 속도 곡선을 '편평한 회전 속도 곡선'이라고 부른다. 이런 편평한 회전 속도 곡선은 은하의 질량이 중심부에 모여 있지 않고 거리가 증가하면서 함께 증가할 때 나타날 수 있는 현상이다. 그런데 눈에 보이는 은하의 질량은 대부분 은하의 중심부에 모여 있으므로 은하의 바깥쪽에는 눈에 보이지 않는 질량이 있어야만 한다는 결론이 나온다. 이것이 바로 우리 은하에 암흑물질이 존재한다는 증거가 되는 것이다.

1970년, 베라 루빈은 안드로메다은하의 회전 속도를 관측한 결과를 발표했다.(R41) 안드로메다은하의 회전 속도 곡선 역시 우리 은하와 마찬가지로 편평한 회전 속도 곡선이었다. 암흑물질의 존재에 대한 이론적인 연구도 이 시기에

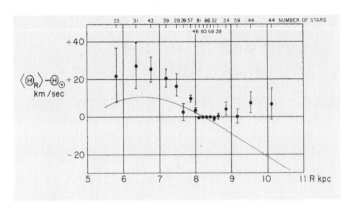

<그림 III-19> 1962년, 베라 루빈이 관측한 우리 은하의 회전 속도 곡선. x축은 은하 중심에서의 거리를 킬로파섹 단위로 표시한 것이다. 1파섹은 3.26광년이기 때문에 8킬로파섹은 2만 6천 광년이 된다. y축은 별들의 회전 속도에서 태양의 회전 속도를 뺀 값이다. 실선은 케플러 회전을 할 때 예상되는 회전 속도 곡선이고 점들은 관측 결과이다. 회전 속도가 8킬로파섹보다 먼 곳에서 줄어들지 않고 일정해지는 모습을 볼 수 있다. 그래프 위에 적힌 숫자는 관측한 별의 숫자를 나타낸 것이다. 상당히 많은 수의 별을 관측했기 때문에 관측 결과가 믿을 만하다고 판단할 수 있다.(R40)

이루어졌다. 천문학에서 이론적인 연구라고 하면 대부분 컴퓨터 시뮬레이션을 말한다. 천문학은 다른 분야와 달리 직접적인 실험을 할 수가 없다. 별을 실험실로 가져와 분해한 후 내부를 살펴볼 수도 없고, 여러 조건을 변화시켜가면서 별이나 은하의 움직임을 살펴볼 수도 없다. 그래서 컴퓨터

로 가상의 모형을 만들어서 그 움직임을 살펴보는 것이다.

내 박사학위 논문 주제는 구상성단 속에 있는 별들의 움직임을 연구하는 것이었다. 컴퓨터로 가상의 별 수만 개를 만들고 여러 가지 조건을 준 다음 그 별들이 어떻게 움직이는지 살펴본다. 그리고 그 결과를 실제 구상성단을 관측한 자료와 비교해보는 것이었다. 나는 석사과정까지는 관측 자료 분석을 전공으로 하다가 박사과정에 들어서 시뮬레이션 연구를 하였기 때문에 당시로는 드물게 관측 결과와 시뮬레이션 결과를 모두 포함한 박사학위 논문을 쓸 수 있었다.

나에게 컴퓨터 시뮬레이션을 가르쳐주셨던 이형목 교수님의 지도교수였던 제레미 오스트라이커(그의 지도교수가 찬드라세카르다)가 1970년대 초반 프린스턴 대학에서 제임스 피블스(James Peebles)와 함께 했던 일은 컴퓨터 시뮬레이션으로 우리 은하의 움직임을 살펴보는 것이었다. 그들은 별들을 나선 모양으로 분포시킨 다음 회전을 시켜보았다. 그러자 은하는 얼마 지나지 않아서 모두 부서지고 말았다. 은하가 오랜 시간 동안 안정적으로 살아남기 위해서는 눈에 보이는 별 이외에 다른 무언가가 있어야만 했다. 그들은 그동안의 여러 은하들의 관측 결과를 분석하여 자신들의 시뮬레이션 결과와 비교한 후 대부분의 은하는 은하 질량의 약 90퍼센트가 암흑물질로 이루어져 있어야 한다는 결론을 내렸

다.(R42)

오스트라이커와 피블스의 논문은 베라 루빈을 제외한 대부분의 천문학자들의 반발을 불러왔다. 보이지 않는 물질이라니? 그런 것이 존재하긴 한단 말인가? 1970년대에 루빈을 포함한 많은 천문학자가 여러 나선은하의 회전 속도를 관측했다. 그리고 그 결과는 예외 없이 모두 편평한 회전 속도 곡선이었다. 1970년대 후반이 되자 암흑물질의 존재를 의심하는 천문학자는 거의 없게 되었다.

암흑물질의 존재를 보여주는 확실한 관측 결과로는 중력 렌즈 현상이 있다. 중력 렌즈 현상은 아인슈타인의 일반 상대성 이론으로 예측할 수 있다. 질량을 가진 천체는 주변의 시공간을 휘어지게 만든다. 그런데 만일 멀리 있는 천체에서 오는 빛이 천체 근처를 지나서 오게 되면 이 빛은 휘어진 시공간을 따라서 휘어지게 된다. 이것은 빛이 렌즈를 통과하면서 휘어지는 것과 비슷한 모습으로 보인다. 이렇게 멀리 있는 천체의 빛이 그 앞에 있는 천체의 중력에 의해 휘어지는 현상을 중력 렌즈 현상이라고 한다.

중력 렌즈 현상은 1936년, 체코슬로바키아 출신의 아마추어 과학자 루디 맨들(Rudi W. Mandl)이 아인슈타인에게 처음 제안한 것이다. 아인슈타인은 이 제안을 재미있게 받아들였지만 실제로 발견될 가능성은 거의 없을 것이라고 보았다.

별빛이 정확하게 다른 천체의 중력에 의해 휘어진 공간을 지나서 관측될 가능성은 매우 낮을 것이라고 생각했기 때문이다. 하지만 우주의 빛은 별들 사이로만 다니는 것이 아니라 거대한 은하들 사이로도 지나다닌다. 여기에서 다시 프리츠 츠비키가 등장한다. 츠비키는 별빛이 앞에 있는 별에 의해서만 휘어지는 것이 아니라 은하에 의해서도 휘어질 수 있다고 생각했다. 그리고 은하는 수천억 개의 별로 이루어져 있어서 큰 질량을 가지기 때문에 은하에 의해 생기는 중력 렌즈 현상은 충분히 관측될 수 있을 것이라고 주장했다.

1979년 천문학자들은 두 개로 관측된 퀘이사가 실제로는 하나의 천체이며 여기서 나온 빛이 앞에 있는 은하의 중력에 의해 휘어져서 두 개로 보인다는 사실을 알아냈다. 중력 렌즈 현상이 실제로 관측된 것이다. 지금은 중력 렌즈 현상은 우주에서 아주 흔하게 관측된다. 천문학자들은 별이 아니라 별의 주위를 도는 행성에 의해서 빛이 미세하게 휘어지는 현상인 미세 중력 렌즈 현상을 이용하여 태양이 아닌 다른 별의 주위를 도는 외계행성을 발견하기도 할 정도다.(컬러 삽화 8, 16쪽)

그런데 중력 렌즈 현상에 의해 빛이 휘어진 정도를 관측하면 빛을 휘어지게 만든 은하의 질량이 얼마나 되는지 계산할 수 있다. 그렇게 계산된 은하의 질량 중에서 눈에 보이는 물질의 질량은 전체 질량의 극히 일부밖에 되지 않는다. 그 나머지 질량이 바로 암흑물질의 질량인 것이다. 2006년 우주 진화 서베이(Cosmic Evolution Survey, COSMOS)는 허블 우주망원경으로 관측한 575장의 은하 사진을 분석하여 우주의 암흑물질이 분포하고 있는 지도를 그리는 데 성공했다.(R43)

그리고 같은 해에 암흑물질의 존재를 보여주는 결정적인 증거 사진이 발표되었다. 총알 은하단(Bullet Cluster)이라고 알려진 이 사진은 두 개의 은하단이 충돌하는 모습을 보여주는 사진이다. 충돌하는 은하들에 포함되어 있는 기체가 X선을 통해 관측되었고 암흑물질은 중력 렌즈 현상으로 파악되었다. 이 사진에서 기체는 충돌하는 은하단의 중심부에 모여 있고 암흑물질은 은하단의 양쪽 끝부분에 모여 있다. 보통물질인 기체는 서로의 중력에 의해 중심부로 모이고 물질과 상호작용하지 않는 암흑물질은 마치 유령처럼 은하단을 통과하여 지나갔기 때문에 이런 모습이 나타난 것이다.(컬러 삽화 9, 17쪽)

NASA가 이 사진을 발표했을 때 언론의 헤드라인은 "NASA, 암흑물질의 직접적인 증거를 발표하다"였다. 하지만 사실 '직접적인 증거'라는 말에는 어느 정도 과장이 섞여 있다. 1970년대 이후로 과학자들은 우주에 보통물질보다 암흑물질이 훨씬 더 많다는 사실을 알고 있었다. 그리고 그 사실은 지금도 변함이 없다. 문제는 그때나 지금이나 변한 것이 거의 없다는 사실이다. 이제 암흑물질의 '직접적인 증거'가 되려면 최소한 단 하나의 암흑물질 입자라도 확실하게 찾아내야 한다. 그런데 지금은 암흑물질이 정확하게 무엇인지 그 정체조차도 알지 못하는 상황이다.

암흑물질은 과연 무엇일까? 가장 간단하게는 아주 어두운 별이나 별이 되지 못한 갈색왜성 또는 행성처럼 우리 주변에 있는 보통물질과 같지만 너무 어두워서 눈에 보이지 않는 물질을 떠올릴 수 있다. 베라 루빈은 암흑물질이 무엇이냐는 질문에 이렇게 대답하곤 했다. "차가운 행성, 죽은 별, 아니면 벽돌, 아니면 야구 방망이겠죠."(R43) 그러나 빅뱅 이론에 기초한 계산에 따르면 빅뱅 과정에서 만들어진 보통물질의 양은 암흑물질을 설명하기에는 너무나 적다. 그리고 총알 은하단에서도 분명하게 나타나듯이 암흑물질의 물리적 성질은 보통물질과는 전혀 다르다는 것은 확실하다.

암흑물질은 보통물질과는 다른 어떤 입자들임이 분명하다. 얼마 동안은 뉴트리노(neutrino)가 암흑물질일 수도 있다고 여겼다. 하지만 뉴트리노가 암흑물질이라면 은하들은 우주가 태어난 지 한참이 지난 후에 만들어져야 한다. 뉴트리노는 빛의 속도에 가깝게 움직이므로 '뜨거운'(hot) 암흑물질이기 때문이다. 여기서 뜨겁다는 것은 속도가 빠르다는 의미이다. 그런데 은하들은 우주가 태어난 지 10억 년 이내에 만들어졌다는 관측적인 증거들이 충분히 있다.

현재 암흑물질은 속도가 느린 '차가운'(cold) 암흑물질일 것으로 여겨지고 있다. 가장 강력한 후보로는 뉴트리노의 초대칭 입자인 뉴트랄리노(neutralino)가 있다. 입자물리학자들은 뉴트랄리노의 질량이 얼마인지, 그리고 현재 우주에 얼마나 많은 양의 뉴트랄리노가 살아남아 있을지 계산했다. 그런데 현재 우주에 남아 있어야 할 뉴트랄리노의 총 질량은 우주에 있어야 할 암흑물질의 총 질량과 거의 일치한다. 뉴트랄리노는 암흑물질을 설명하기 위해서 인위적으로 만들어낸 가상의 입자가 아니라 입자물리학에서 독립적으로 존재가 예측되는 입자이다. 이렇게 별개의 두 이론에서 일치하는 결과가 나왔다면 그것은 정답일 가능성이 상당히 높다. 차가운 암흑물질을 포함한 컴퓨터 시뮬레이션은 현재 우리가 보는 우주와 비슷한 우주를 만들어내기도 한다. 그래서 1980년대 중반에는 빅뱅과 차가운 암흑물질을 포함하는 모형이 우주론의 표준 모형으로 자리 잡았다.

뉴트랄리노는 전자기력과는 상호작용을 하지 않기 때문에 전자기파를 방출하지 않아서 볼 수가 없고, 원자핵과도

'아주' 약하게만 상호작용을 한다. 그래서 이런 종류의 입자를 약하게 상호작용하는 무거운 질량의 입자라는 뜻에서 WIMP(Weakly Interactive Massive Particle)라고 부른다. WIMP로 추정되는 암흑물질을 발견하기 위한 노력은 오랫동안 계속되고 있다. 1980년대 후반 버클리 대학에 기반을 둔 초신성 우주론 프로젝트 팀이 연구비를 받은 것도 바로 암흑물질을 발견하기 위한 프로젝트 명목에서였다.

　암흑물질을 발견하려는 노력은 조만간 성과를 거둘 가능성이 상당히 높아 보인다. 그런데 문제는 암흑물질을 발견하기도 전에 암흑에너지라는 훨씬 더 큰 미스터리를 만나고 말았다는 것이다. 천문학자들은 현재 가속 팽창하고 있는 우리 우주는 처음부터 지금까지 계속 가속 팽창을 하고 있는 것이 아니라 처음 약 70억 년 동안은 감속 팽창을 했고 그 이후 약 70억 년 동안 가속 팽창을 하고 있다는 사실을 알아냈다. 우주의 팽창을 감속시키려는 암흑물질과 가속시키려는 암흑에너지의 줄다리기는 최종적으로 암흑에너지의 승리로 끝났다. 우주는 영원히 가속 팽창을 할 것이고 암흑물질은 그것을 막을 방법이 없다.

일반적으로 새로운 과학적 발견이 공식적으로 인정을 받기까지는 까다로운 검증 과정을 거친다. 특히 천문 관측은 우주에서 오는 약한 빛이 얻을 수 있는 자료의 전부이기 때문에 그 어떤 분야보다도 철저한 검증이 필요하다. 관측 결과를 발표하는 사람은 자신의 자료가 어떤 오류도 없이 정확하게 관측되고 분석되었다는 것을 증명해야 한다. 실제로 천문 관측 자료를 분석해본 사람들은 이 과정이 얼마나 까다로운지 잘 알기 때문에 어떻게든 다른 사람들의 관측 결과에서 문제점을 찾아내려고 한다. 새롭게 발표된 관측 결과의 내용이 중요할수록 그 결과의 문제점을 찾아내려는 노력은 더욱 적극적으로 진행된다. 그런 결과에 대한 문제점을 성공적으로 찾아낸 사람의 명성은 더욱 높아지기 때문이다. 우주 가속 팽창 이론 역시 발표 이후 엄격한 검증대에 올랐다. 그 검증은 크게 두 가지 방향으로 이루어졌다. 하나는 더 멀리까지 더 많은 초신성을 더 정밀하게 관측하여 그 결과를 비교해보는 것이고, 다른 하나는 다른 우주론 이론을 통해 암흑에너지의 증거를 찾는 것이었다.

검증대에 오른 Ia형 초신성

Ia형 초신성이 정말로 표준 광원으로서 문제가 없는지, 혹시 관측 결과에 영향을 주는 다른 요소가 있지는 않은지를 알아내는 일은 Ia형 초신성 관측으로 우주 가속 팽창을 발견하는 데 있어서 가장 중요한 문제였다. 더구나 천문학자들은 아직도 Ia형 초신성이 어떻게 폭발하는지에 대해서 완벽하게 이해하고 있지 못하다.

우주 가속 팽창은 적색편이 z의 값이 0.3~1인 초신성들을 관측하여 알아낸 것인데, 이것은 지구에서 약 40억 광년에서 80억 광년 떨어진 곳에 있다. 우리에게는 지금 관측되지만 이 초신성들은 실제로는 약 40억 년에서 80억 년 전에 폭발했다는 뜻이다. 그러니까 이 초신성들은 우주의 나이가 지금보다 훨씬 젊었을 때 만들어진 것이다. 이렇게 오래전에 만들어진 초신성이라면 최근에 만들어진 초신성과는 성질이 다를 수도 있지 않을까 하는 의심은 누구나 해볼 수 있다.

초신성에서 만들어진 무거운 원소들이 초신성 폭발 과정에서 우주에 퍼지기 때문에 나중에 만들어진 별일수록 무거운 원소들을 더 많이 포함하게 된다. 사실 바로 이 이유때문에 무거운 원소들이 더 많은 1형 세페이드 변광성이 더 밝아지는 것이다. 이 사실을 몰랐던 천문학자들은 수십 년동안 외부 은하까지의 거리를 잘못 측정할 수밖에 없었다.

Ia형 초신성 역시 나중에 만들어진 초신성들이 무거운 원소를 더 많이 가지고 있을 수 있기 때문에 오래전에 만들어진 초신성들과 밝기가 다를 가능성은 충분히 있을 것이다. 가속 팽창하는 우주는 기본적으로 멀리 있는 초신성의 밝기가 우주 상수가 0인 우주일 때보다 25퍼센트 더 어둡다는 사실에 기초하고 있다. 만일 오래전에 만들어진 초신성들이 우주 가속 팽창 때문에 더 멀어져 있어서 어두운 것이 아니라 원래 밝기가 25퍼센트 정도 더 어둡다면 우주는 가속 팽창하는 것이 아니라 그냥 우주 상수가 0인 우주가 되는 것이다. 그렇다면 2011년의 노벨 물리학상은 완전히 잘못된 연구 결과에 수여한 꼴이 된다.

사실 이것은 누구보다도 이 같은 결과를 최초로 발표했던 사람들이 가장 우려한 부분이기도 하다. 그래서 바로 그들이 가장 열심히 오류의 가능성을 검토했다. 뭔가 잘못된 것이 있다면 다른 사람들보다 자신들이 먼저 찾자는 생각이었다. 과거의 초신성과 현재의 초신성이 밝기가 서로 다른지를 알아보기 위한 한 가지 방법으로 그들은 서로 다른 종류의 은하들에 있는 초신성들을 비교해보았다.

여러 종류의 은하들 중에서 나선은하는 성간 물질을 많이 가지고 있고 최근까지 별이 탄생하고 있다. 반면 타원은하에는 성간 물질이 거의 없고 최근에는 별이 거의 탄생하지 않았다. 그러므로 나선은하에서 발견되는 초신성에는 오래전에 만들어진 별과 최근에 만들어진 별이 폭발한 경우가 섞여 있을 것이고, 타원은하에서 발견되는 초신성에는 과거에 만들어진 별이 폭발한 경우만 있을 것이다. 이 두 종류의 은하에서 발견되는 초신성들의 밝기를 비교해보면 과거의 초신성과 현재의 초신성의 밝기에 차이가 있는지를 알려줄 단서를 찾을 수 있을 것이다.

높은 적색편이 초신성 탐색 팀은 잘 관측된 50여 개의 초신성들을 조사했다. 처음에는 결과에 문제가 있는 것처럼 보였다. 타원은하에서 발견된 초신성들이 나선은하에서 발견된 초신성들보다 더 어둡게 나타났기 때문이다. 하지만 광도 곡선 모양 맞추기 방법을 이용하여 광도를 보정하자 이 밝기 차이는 거의 완벽하게 사라져버렸다. 과거의 초신성이 현재의 초신성에 비해서 실제로 더 어두울 수도 있지만 광도 곡선을 관측하여 보정하면 그 차이를 해결할 수 있

다는 것이다.(R22, 226쪽)

멀리 있는 초신성이 가까이 있는 초신성보다 전반적으로 더 어둡다는 사실은 두 종류의 초신성 사이에 어떤 물리적인 차이가 존재한다는 것을 암시하는 것일 수도 있다. 만일 우리가 초신성에 대한 완전한 이론적인 모형을 가지고 있다면 변수들을 조정해서 어떤 원인이 이런 차이를 만들어내는지 알아낼 수 있을 것이다. 그러나 우리는 아직 이런 초신성 모형을 가지고 있지 못하다. 하지만 이론적으로 완벽하게 이해하지 못했다고 해서 표준 광원으로 사용하는 데 문제가 되는 것은 아니다.

가까이 있는 초신성들 사이에도 밝기의 차이는 존재하고, 이 차이를 해결하기 위해서 만들어낸 것이 광도 곡선 모양 맞추기 방법이다. 멀리 있는 초신성이 전반적으로 더 어둡다 하더라도 광도 곡선 모양 맞추기 방법으로 그 차이를 보정할 수 있다면, 그것은 그 밝기의 차이가 가까이 있는 초신성들 사이에서 나타나는 차이와 근본적으로 다르지 않다는 것을 의미한다. 내부적인 정확한 메커니즘은 아직 모르지만 그 결과로 나타나는 현상은 충분히 보정이 가능하다고 볼 수 있기 때문에 표준 광원으로서의 역할이 가능한 것이다.

초신성에 포함된 무거운 원소들의 양이 초신성의 밝기에

영향을 미칠 수도 있다. 하지만 초신성에 대한 이론적인 연구에 따르면 무거운 원소들의 양은 초신성의 스펙트럼이나 전체 밝기에 거의 영향을 미치지 않으며, 자외선 영역에서만 무거운 원소를 적게 갖고 있는 초신성들이 오히려 더 밝게 나타난다.(R44) 이것은 무거운 원소를 적게 갖는 멀리 있는 초신성들이 더 어둡게 보인다는 관측 결과와는 반대되는 현상이기 때문에 이것이 결과에 미친 영향은 없다고 볼 수 있다. 그리고 50억 년 전과 지금의 무거운 원소들 사이의 양은 그렇게 크게 차이가 나지도 않는다. 이것은 50억 년 전에 만들어진 우리 태양의 구성 성분과 현재 우리 은하에 존재하는 성간 기체들의 구성 성분이 크게 다르지 않은 것으로도 알 수 있다.

멀리 있는 초신성이 가까이 있는 초신성과 크게 다르지 않다고 볼 수 있는 가장 결정적인 근거는 특히 이들의 스펙트럼이 거의 동일하다는 것이다.(그림 IV-1) 스펙트럼의 모양은 백색왜성이 초신성으로 폭발하면서 팽창하는 대기에서 대기의 구성 성분, 팽창 속도, 온도 등이 복합적으로 결합되어 만들어지는 것이다. 멀리 있는 초신성과 가까이 있는 초신성의 스펙트럼이 크게 다르다면 이들의 물리적 성질이 상당히 다르다고 볼 수 있기 때문에 멀리 있는 초신성 관측으로 얻은 우주 가속 팽창 결과에 의문을 제기할 수 있을

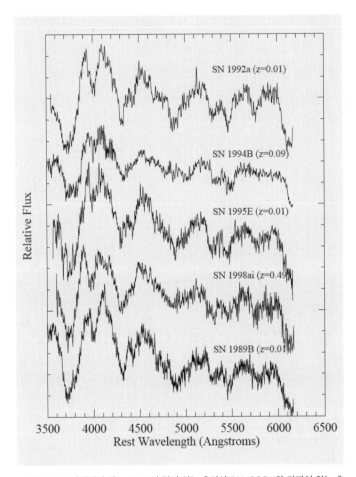

SN 1992a (z=0.01)

SN 1994B (z=0.09)

SN 1995E (z=0.01)

SN 1998ai (z=0.49)

SN 1989B (z=0.01)

Relative Flux

Rest Wavelength (Angstroms)

<그림 IV-1> 적색편이 값 z=0.49인 멀리 있는 초신성 SN 1998ai와 가까이 있는 초
신성들의 스펙트럼을 비교한 것. 적색편이에 의해 이동된 파장을 보정한 것이다. 스펙
트럼들 사이의 차이를 거의 찾아보기 어렵다.(R36)

것이다. 하지만 거의 동일한 스펙트럼은 이들의 물리적 성질이 실제로 거의 동일하다고 볼 수 있을 만한 충분한 근거가 된다. 그렇다면 Ia형 초신성을 표준 광원으로 사용하는 데에는 큰 문제가 없다고 판단할 수 있을 것이다.

이상한 먼지들?

　멀리서 오는 빛을 가리는 우주의 먼지들은 오랫동안 천문학자들을 괴롭혀왔다. 훨씬 더 많은 초신성을 관측한 초신성 우주론 프로젝트 팀이 더 빨리 결과를 얻어내지 못하게 방해한 것도 바로 이 우주의 먼지들이었다. 높은 적색편이 초신성 탐색 팀은 이 문제를 예상하고 다른 파장에서 초신성을 관측했고, 애덤 리스는 다색 광도 곡선 모양 맞추기 방법을 개발하여 이 문제를 해결할 수 있었다.

　성간 먼지의 문제를 해결할 수 있는 기본 원리는 성간 먼지들이 파장이 짧은 푸른빛을 더 잘 흡수하거나 산란시키고 파장이 긴 붉은빛을 더 잘 통과시키기 때문에 성간 먼지를 통과해온 빛은 원래의 빛보다 더 붉게 보이는 성간 적색화가 일어난다는 것이다. 그런데 만일 모든 파장의 빛을 똑같이 흡수해서 이런 성간 적색화가 일어나지 않는 성간 먼지가 있다면 어떻겠는가. 이런 성간 먼지는 별의 색깔에는 변화가 없고 밝기만 어두워지기 때문에 다색 광도 곡선 모양 맞추기 방법으로 해결할 수가 없다. 멀리 있는 초신성이 예상보다 더 어둡게 관측된 것은 우주가 가속 팽창을 하기 때문이 아니라 우리가 아직 알지 못하는 이런 종류의 성간 먼지 때문일 수도 있지 않을까?

성간 먼지에 의한 적색화 현상은 성간 먼지의 크기와 관계가 있다. 성간 먼지는 집안 구석에 쌓여 있는 먼지와는 다르다. 성간 먼지는 탄소와 규소 알갱이로 되어 있고 보통의 현미경으로는 볼 수 없을 정도로 작다. 성간 먼지의 크기가 빛의 파장과 비슷해서 짧은 파장의 빛은 충돌하여 산란되고 긴 파장의 빛은 피해서 가게 되어 적색화가 나타나는 것이다.

이런 종류의 성간 먼지가 어떻게 성간 적색화를 일으키는지에 대해서 잘 연구된 논문은 1984년에 《천체물리학 저널》에 발표된 「성간 흑연과 규소 알갱이들의 광학적 성질(Optical Properties of Interstellar Graphite and Silicate Grains)」이다.(R45) 이 논문은 프린스턴 대학의 브루스 드레인(Bruce T. Draine)과 한국인 유학생 이형목이 발표한 것인데, 당시 프린스턴 대학의 대학원생이었던 이형목은 현재 서울대학교 물리천문학부 교수로 계시고 나의 박사논문 지도교수님이기도 하다. 이 논문은 천문학자들 사이에 '드레인 앤 리(Draine and Lee) 논문'

으로 알려져 있는데 성간 먼지를 연구하는 사람들이 거의 교과서처럼 이용하는 논문이다. 내가 외국의 천문학자를 만날 때도 드레인 앤 리의 리가 바로 나의 지도교수님이라고 이야기하면 누구나 반가워할 정도로 유명한 논문이다.

이런 종류의 성간 먼지에 대해서는 우리가 잘 알고 있지만 우리가 알지 못하는 종류의 성간 물질이 존재할 수도 있다. 만일 이보다 입자가 훨씬 더 큰 성간 먼지가 있다면 거의 모든 파장의 빛을 흡수하기 때문에 적색화가 나타나지 않고 전체적으로 어둡게만 만들 수도 있는 것이다. 우리가 알고 있는 성간 먼지와는 다른 새로운 형태의 성간 먼지에 대해서 진지하게 연구한 사람은 하버드 대학에서 커시너의 지도를 받고 있던 똑똑한 대학원생 앤서니 아기레(Anthony Aguirre)다.

아기레는 어떤 성간 먼지가 두 팀에 의해 관측된 것처럼 초신성을 더 어둡게 보이게 만들 수 있는지에 대해서 연구했다. 아기레는 약 0.1밀리미터 길이의 길쭉한 바늘 모양의 탄소 알갱이가 이런 종류의 성간 먼지가 될 수 있다는 것을 보여주었다.(R46) 이런 탄소 알갱이는 은하 내에서 만들어질 수 있고 은하를 빠져나와 공간에 퍼질 수도 있다. 그리고 초신성에서 나온 빛을 어둡게 만들 수 있는 충분한 양의 탄소 알갱이가 별의 진화 과정에서 만들어질 수 있다는 것도 계산했다. 이 성간 먼지는 거의 투명한 스크린과 같은 역할을 해서 가까운 거리에서는 효과가 거의 드러나지 않지만 먼 곳에서 온 빛은 관측이 될 정도로 충분히 어둡게 만들 수 있다. 그리고 거의 모든 파장에서 비슷한 비율로 빛을 흡수하기 때문에 적색화 현상을 일으키지도 않는다. 만일 아기레의 가설이 맞는다면 두 팀은 우주 가속 팽창을 발견한 것이 아니라 새로운 형태의 성간 먼지를 발견한 것밖에 되지 않는다.

하지만 아기레의 가설에는 한 가지 중요한 문제가 있다. 어두워진 초신성이 성간 먼지 때문이라면 이 성간 먼지는 은하들 사이의 거대한 공간에 거의 완벽할 정도로 균일하게 분포하고 있어야 한다. 성간 먼지의 분포가 균일하지 않다면 어떤 초신성에서 오는 빛은 먼지가 더 많이 모인 곳을 통과했을 것이고 어떤 초신성의 빛은 먼지가 많지 않은 곳을 통과해서 왔을 것이다. 그랬다면 멀리 있는 초신성들의 밝기의 오차가 두 팀에 의해 관측된 것보다 훨씬 더 커야만 한다. 은하에서 만들어져 빠져나온 성간 먼지가 공간에 이렇게 균일하게 분포할 이유는 거의 없으므로 초신성 관측 결과가 특별한 종류의 성간 먼지 때문이라고 보기는 어렵다는 것이다.

그런데 성간 먼지를 공간에 균일하게 퍼지게 하는 특별

한 메커니즘을 찾아낼 가능성도 있기 때문에 성간 먼지의 효과를 완전히 배제할 수는 없다. 하지만 다행히도 성간 먼지의 문제뿐만 아니라 멀리 있는 초신성과 가까이 있는 초신성 사이에 차이가 있는지 없는지의 문제도 분명하게 해결할 수 있는 확실한 방법이 하나 있다. 바로 더 멀리 있는 초신성을 관측하는 것이다.

성간 먼지에 의한 효과나 멀리 있는 초신성과 가까운 초신성 사이의 차이가 우주 가속 팽창에 의한 현상과 비슷한 결과를 내는 것은 제한된 거리 내에서만 가능하다. 두 팀이 사용한 초신성은 대부분 적색편이 값이 0.3~0.7인 초신성이었다. 이것은 우리 은하에서의 거리가 약 40억 광년에서 70억 광년에 있는 초신성들이다. 하지만 이보다 훨씬 더 멀리 있는 초신성들을 관측한다면 초신성의 밝기 변화가 정말로 우주 가속 팽창 때문인지 아니면 다른 효과들 때문인지 확실하게 구별할 수 있다.

앞에서도 설명했지만 우리 우주는 빅뱅 이후 지금까지 계속 가속 팽창을 한 것이 아니라 약 70억 년 동안은 감속 팽창을 하다가 그 이후부터 가속 팽창을 하고 있다. 우주를 가속 팽창시키는 암흑에너지는 빈 공간에서 나오는데 우주 초기에는 우주의 크기가 크지 않았기 때문에 암흑에너지보다 팽창 속도를 늦추는 암흑물질이 더 큰 효과를 미쳤다. 하지만 우주가 팽창할수록 암흑에너지의 힘이 점점 세져서 결국에는 암흑물질을 이겼고, 우리 우주는 가속 팽창하기 시작했다. 두 팀이 관측한 초신성들은 이미 암흑에너지가 암흑물질을 이기고 우주를 가속 팽창시키고 있던 시기의 것들이다. 그런데 이보다 더 멀리 있는 초신성을 관측한다면 그 초신성은 우주의 가속 팽창이 시작되기 이전, 그러니까 우주가 감속 팽창을 하고 있던 시기의 것들이다.

이 이론이 맞는다면 우리는 더 멀리 있는 초신성의 밝기에 대해서 분명하게 예측할 수 있다. 점점 더 멀리 있는 초신성을 관측하여 우주가 감속 팽창을 하던 시기의 초신성에까지 이르게 된다면 초신성의 밝기가 어두워지는 정도가 줄어들어야 한다. 이 시기는 초신성까지의 거리가 멀어지는 정도가 상대적으로 작기 때문이다. 하지만 만일 성간 먼지가 원인이라면 멀리 있는 초신성의 밝기는 거리에 비례하여 계속 어두워져야 한다. 그리고 멀리 있는 초신성과 가까이 있는 초신성 사이의 물리적 차이가 원인이라면 그 효과는 과거로 갈수록 더 커져야 하기 때문에 역시 멀리 있는 초신성의 밝기는 멀어질수록 점점 더 어두워져야만 한다. 그러므로 더 멀리 있는 초신성을 관측하여 초신성의 밝기가 계속 같은 비율로 어두워지는지 아니면 상대적으로 다시 밝아지는지를 알아낸다면 우주가 정말로 가속 팽창을 하고 있는지 아닌지 확실하게 알아낼 수 있는 것이다. 결국 더 멀리 있는 초신성들을 열심히 관측하는 것이 유일한 해결책이었다.

멀리 더 멀리

　우주 가속 팽창의 발견은 《사이언스》지에서 1998년도 최고의 발견으로 선정했고 관련 연구자들도 여러 종류의 상을 수상하면서 언론의 집중 조명을 받았다. 그리고 많은 연구자들이 가속 팽창하는 우주에 대한 연구에 관심을 가지게 되어 암흑에너지를 다룬 수많은 이론 논문이 나오면서 암흑에너지는 금세 물리학에서 가장 핵심적인 주제가 되었다. 우주가 천문 관측으로는 감지되지만 실험실에서는 발견할 수 없는 음의 압력을 가진 미지의 에너지로 가득 차 있다는 사실은 기본적인 물리학이 해결하지 못한 어떤 문제가 있다는 것을 의미했다. 최첨단 물리학 이론들이 암흑에너지의 정체를 밝히기 위해 동원되었다.

　그리고 천문학자들은 당연히 더 멀리 있는 초신성을 찾기 위한 노력을 계속했다. 우주의 가속 팽창을 확인하기 위해서는 적색편이의 값이 1이 넘는 초신성을 관측해야만 한다. 이렇게 멀리 있는 초신성 관측은 단지 더 어두운 초신성을 관측하기만 하면 되는 것이 아니다. 적색편이 값이 이렇게 커지면 초신성에서 오는 빛의 파장이 가시광선이 아니라 근적외선 영역으로 이동하기 때문에 근적외선을 관측해야 한다.

그런데 천체 관측에 사용되는 CCD 카메라는 빛에 의해 전자가 방출되는 광전 효과를 이용하기 때문에 근적외선 파장에서는 가시광선에 비해서 그렇게 효율적으로 작동하지 않는다. 특히 지구의 대기도 근적외선을 방출하기 때문에 우주에서 오는 근적외선을 지상 망원경으로 관측하기는 무척 어렵다. 그러므로 이렇게 멀리 있는 초신성을 정확하게 관측하기 위해서는 지구 대기 밖에 있는 우주망원경을 사용할 수밖에 없다.

1990년에 발사된 허블 우주망원경은 지금까지도 천문학자들에게는 최고의 망원경이다. 허블 우주망원경은 어떤 연구 장비보다 더 많은 발견을 하고 더 많은 연구 논문을 만들어냈다. 대중에게 가장 잘 알려진 장비이기도 하다. 허블 우주망원경이 찍은 멋진 사진들은 전 세계 수백만 명이 다운로드했다. 당연히 허블 우주망원경을 사용하기 위한 경쟁도 치열하다. 천문학자들이 허블 우주망원경의 관측 시간을 얻기 위해서 내는 제안서는 경쟁률이 6 대 1~7 대

1 정도인데 그것들은 모두 최고의 천문학자들이 작성한 훌륭한 제안서다. 그래서 허블 우주망원경의 시간을 배정하는 위원회는 최대한 많은 사람에게 관측 기회를 제공하기 위해서 노력한다.

그런데 1995년, 당시 우주망원경 과학 연구소 소장이었던 밥 윌리엄스(Bob Williams)는 누구도 시도하지 못했던 과감한 결정을 내렸다. 소장에게 주어진 허블 우주망원경의 관측 시간을 아무것도 없는 하늘의 아주 작은 텅 빈 영역 한 곳만을 관측하는 데 사용하기로 한 것이다. 허블 우주망원경이 10일간 궤도를 150회나 도는 엄청난 시간이 단 한 곳의 사진을 얻는 데 사용되었다. 이것이 바로 허블 딥 필드(Hubble Deep Field)이다. 허블 딥 필드는 멋진 사진을 제공했을 뿐만 아니라 훌륭한 연구 자료로 활용되어 천문학에서 가장 많은 논문을 만들어낸 자료의 하나가 되었다.

큰 성공을 거둔 허블 딥 필드는 이후 남쪽 허블 딥 필드(Hubble Deep Field South), 허블 울트라 딥 필드(Hubble Ultra Deep Field), 허블 익스트림 딥 필드(Hubble Extreme Deep Field)로 이어졌고 모두 우주를 이해하는 데 중요한 역할을 했다. 그리고 귀한 자원을 하나의 목표에 대량 투자하는 방법은 적외선, 전파, X선 천문학자들을 자극하여 다양한 딥 필드 자료가 나오게 되었다.

허블 딥 필드가 나온 지 1년 후인 1996년, 우주망원경 과학 연구소의 론 길리랜드와 CTIO의 마크 필립스는 허블 딥 필드 영역을 허블 망원경으로 다시 한 번 관측하는 제안서를 제출했다. 허블 딥 필드 영역에 있는 은하들에 어떤 변화가 생겼는지 살펴볼 수 있고 운이 좋으면 아주 멀리 있는 초신성도 발견할 수 있을 것이기 때문이었다. 그 관측은 1997년 12월에 이루어졌는데 두 사람을 위한 크리스마스 선물이 각자에게 주어졌다. 초신성 1997ff와 1997fg를 발견한 것이다. 하지만 이 자료만으로는 이 초신성들에 대한 정보를 충분히 얻을 수 없었다. 광도 곡선과 스펙트럼을 구할 수 없었기 때문이다. 그리고 적색편이 값이 1.5가 넘어가면 가시광선 영역의 빛이 적외선 영역으로 이동하기 때문에 적외선을 관측해야 한다. 이 초신성에서 의미 있는 정보를 얻기 위해서는 적외선 카메라로 후속 관측을 해야만 했다. 그런데 그 후속 관측은 전혀 예상하지 못했던 방법으로 이루어졌다.

1997년 초 우주왕복선을 타고 허블 우주망원경을 방문한 우주비행사들은 장비 두 개를 새로 설치했다. 그중 하나가 닉모스(Near Infrared Camera and Multi-Object Spectrometer, NICMOS)라는 이름의 적외선 관측 기기다. 닉모스는 대기에서 나오는 적외선을 피할 수 있기 때문에 멀리 있는 은하와 초신성을 관측하기에 10미터 지상 망원경보다 더 유리한 장비였다. 허블 딥 필드 영역이 적외선으로는 어떻게 보일까 하는 것은 많은 사람들이 궁금해할 만한 것이었다. 그래서 닉모스는 1998년 1월에 100회 궤도를 도는 시간 동안 허블 딥 필드 영역을 다시 관측했다. 그리고 전혀 의도하지 않은 완전한 우연으로 초신성 1997ff가 닉모스 영상 한쪽 구석에 찍혔다. 닉모스는 가시광선을 관측하는 카메라보다 관측할 수 있는 영역이 좁기 때문에 허블 딥 필드의 모든 영역을 관측할 수가 없다. 그러므로 닉모스의 관측 영역 안에 1997ff가 포함된 것은 그야말로 우연이라고 할 수밖에 없다.(컬러 삽화 10, 18쪽)

원래 망원경으로 어떤 한 영역을 장기 노출로 관측한다는 것은 그 시간 동안 쉬지 않고 그 지역을 관측하는 것이 아니라 여러 번 관측한 자료를 모두 합치는 것이다. 닉모스 역시 장기 노출 자료를 얻기 위해서 같은 영역을 32일에 해당되는 시간 동안 반복 관측했다. 결과적으로 초신성 1997ff의 훌륭한 광도 곡선을 얻을 수 있는 완벽한 적외선 관측 자료가 얻어진 것이다. 그런데 그 당시에는 아무도 그 사실을 알지 못했고 그 자료는 다른 모든 허블 우주망원경의 자료처럼 대중에게 공개되었다.

2001년 초, 우주망원경 과학 연구소에서 개최한 회의에 참석한 로버트 커시너는 쉬는 시간을 이용해서 그곳에서 일하고 있는 과거 자신의 제자 애덤 리스의 연구실을 방문했다. 리스는 우주 가속 팽창을 발견한 높은 적색편이 초신성 탐색 팀 논문의 첫 번째 저자로 많은 상을 수상하고 《타임》지에 사진이 실릴 정도로 유명 인사가 되어 있었다. 커시너의 방문을 받은 리스는 놀라운 소식을 준비해두고 있었다.

"아무에게도 말하지 마세요."

리스는 연구실 문을 닫으며 조심스럽게 말했다. 리스는 공개된 닉모스의 자료에서 초신성 1997ff의 자료를 찾아내어 분석하고 있었다. 앞에서도 설명했지만 허블 우주망원경의 자료는 처음 관측한 사람이 1년간만 우선적으로 사용할 수 있고 그 이후에는 모든 사람들에게 자료가 공개된다. 그리고 우주망원경 과학 연구소는 이 자료들을 이용하기 아주 쉽도록 정리해두고 많은 사람들에게 사용할 것을 권장하고 있다. 그러므로 리스가 하고 있는 일을 다른 사람이 하고 있을 수도 있었다.(컬러 삽화 11, 19쪽)

리스는 초신성 1997ff의 모든 자료를 모아 완벽한 광도 곡선과 색을 구했다. 다색 광도 곡선 모양 맞추기 방법을 이용하여 초신성의 절대 밝기를 구하기에 충분했다. 그 초신성의 적색편이 값은 1.7이나 되었다. 이것은 1998년에 두 팀이 발견한 우주 가속 팽창이 사실인지 아닌지를 알려줄 수 있는 초신성이었다. 우주는 빅뱅 이후 약 70억 년 동안은 감속 팽창을 하다가 이후 70억 년 동안 가속 팽창을 하고 있다. 만일 우주가 빅뱅 이후 지금까지 계속 가속 팽창을 하고 있다면 멀리 있는 초신성은 그렇지 않은 경우보다 점점 더 어둡게 보여야 할 것이다. 그런데 처음 70억 년 동안은 감속 팽창을 했기 때문에 이 시기에 만들어진 초신성은 계속 가속 팽창을 한 경우보다 더 밝게 보여야 할 것이다. 적색편이 값이 1.7인 초신성이 바로 우주가 감속 팽창을 하던 시기에 만들어진 초신성이었다. 만일 이 초신성이 예상보다 어둡게 보인다면 그 앞의 초신성들이 어둡게 보인 것은 우주가 가속 팽창했기 때문이 아니라 먼지나 그 외의 다른 이유 때문이라고 생각할 수밖에 없었다.

　　"만일 이 초신성이 어둡게 보인다면 자네는 그동안 받은 상을 모두 반납해야 할 거야." 커시너가 말했다.
　　"이걸 보세요."
　　초신성 1997ff는 어둡지 않았다. 우주가 감속 팽창을 하다가 가속 팽창을 하는 경우와 정확하게 일치하는 만큼 밝았다.
　　"애덤, 이건 정말 대단해."
　　"알고 있어요."

"자네는 정말 운이 좋았던 거야. 닉모스가 얼마든지 다른 지역을 선택해서 관측할 수도 있었잖아."

"알고 있어요."(R22, 248쪽)

리스는 그 결과를 《천체물리학 저널》에 발표했고(R47) 그의 사진은 2001년 6월 25일자 《타임》지의 표지를 장식했다.

이후 10여 년간 수많은 천문학자가 엄청난 시간과 공을 들여 멀리 있는 초신성들을 관측했다. 우주 가속 팽창을 처음 발견한 두 팀이 후속 연구에도 가장 활발하게 활동하고 있다. 초신성 우주론 프로젝트 팀은 솔 펄머터를 주 연구자로 하는 허블 우주망원경 은하단 초신성 서베이 프로젝트를 수행하여 적색편이 값이 1이 넘는 초신성을 10개 이상 발견했다.(R48) 높은 적색편이 초신성 탐색 팀은 적색편이 값이 1.55인 초신성의 스펙트럼을 구했는데 이것은 직접 스펙트럼을 구한 가장 멀리 있는 초신성이다.(R49)

지금까지 관측된 Ia형 초신성의 수는 500개가 훨씬 넘고, 적색편이 값이 1이 넘는 것도 20여 개가 발견되었다. 그 결과는 처음에는 감속 팽창을 하다가 나중에는 가속 팽창을 하는 우주 팽창의 시나리오와 일치한다.

이상한 성간 먼지는 없었고, 멀리 있는 초신성과 가까이 있는 초신성 사이의 물리적인 차이도 원인이 아니었다. 이

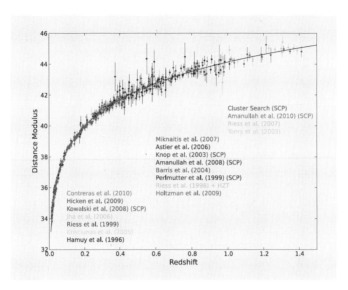

<그림 Ⅳ-2> 580개의 Ia형 초신성을 이용하여 그린 허블 다이어그램. 실선은 Ω_M=0.3, Ω_Λ=0.7로 그린 이론값이다.(R48)

제 우주가 실제로 가속 팽창을 하고 있다는 사실에 대해서는 전혀 의심의 여지가 없게 되었다. 그리고 이 사실은 초신성 관측이 아닌 다른 관측 결과로도 뒷받침되고 있다.

우주배경복사와 빅뱅 우주론

태양은 우주에 존재하는 무수히 많은 별 중 하나이다. 그 주위를 돌고 있는 작은 행성 지구에 살고 있는 인간들이 우주의 탄생과 진화를 이해하고 미래를 예측하기 위해서 노력하고 있다는 사실은 아무리 생각해도 신기한 일이다. 우주를 이해하기 위해서 우리가 할 수 있는 일이라곤 우주에서 오는 극히 약한 빛을 관측하는 것이 전부일 뿐인데 말이다. 우주를 연구하는 데 있어서 가장 놀라운 일의 하나는 우주 초기의 특정한 시점을 우리가 아주 정밀하게 관측할 수 있다는 사실이다.

막 태어난 우주는 좁은 영역에 모든 물질과 에너지가 뒤섞여 있는 뜨겁고 복잡한 곳이었다. 이때의 우주는 온도와 밀도가 너무 높아 입자들이 모두 빠르게 움직여 빛도 입자들과의 충돌 때문에 자유롭게 움직일 수가 없었다. 그러다가 우주가 팽창하면서 밀도와 온도가 낮아져 입자들의 움직임이 느려지면서 비로소 빛이 자유롭게 다닐 수 있게 된 것이다. 그런데 이렇게 빛이 자유롭게 다닐 수 있게 된 것은 초기 우주의 특정 시점에 순간적으로 벌어진 일이다. 우주의 온도가 낮아지면서 특정한 온도가 되면 독립적으로 움직이던 원자핵과 전자들이 서로 결합하면서 단위 부피당 입자의 수가 순간적으로 반으로 줄기 때문이다. 각각 전하를 가지고 있던 원자핵과 전자들이 결합해서 전기적으로 중성이 된 것도 중요한 이유다. 이 사건은 우주가 태어난 지 약 38만 년 후에 일어났고, 이때 우주의 온도는 약 3천 도였다. 이 순간에 자유롭게 빠져나온 빛을 우리가 지금도 관측할 수 있는데 이것이 바로 우주배경복사이다.

우주배경복사는 다른 모든 빛과 마찬가지로 우주의 팽창에 따라 적색편이가 일어난다. 우주배경복사의 적색편이 값은 우리가 관측할 수 있는 최댓값으로 약 1,300이나 된다. 그래서 처음 방출될 때에는 가시광선과 적외선이었던 빛이 지금은 초단파와 전파로 이동했다. 우주배경복사는 처음 방출된 이후 우주의 팽창 이외의 다른 요인에는 전혀 영향을 받지 않았기 때문에 초기 우주의 모습을 그대로 간직하고 있다. 그러므로 우주배경복사를 관측함으로써 천문학자들은 우주의 과거 모습을 알 수 있고, 그것에 기초하여 현재의 모습을 이해할 수 있는 것이다.

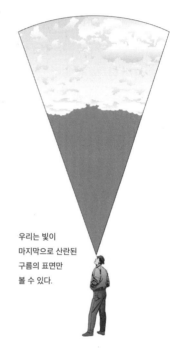

<그림 IV-3> 우주배경복사는 구름의 표면을 보는 것과 비슷하다. 빅뱅 직후의 우주는 물질과 에너지가 뒤섞여 있는 구름과 같아서 그 사이를 뚫고 볼 수가 없고, 38만 년 후 우주가 투명해지면서 빛이 빠져나와 볼 수 있는 것이 우주배경복사이다. © NASA/ WMAP Science Team

우주배경복사를 우주론에 처음 등장시킨 사람은 러시아 출신의 물리학자 조지 가모프다. 1904년에 러시아에서 태어난 가모프는 재치 있는 농담과 재미있는 그림으로 항상 주변 사람들을 즐겁게 해주었다. 그는 러시아의 레닌그라드 대학에서 알렉산드르 프리드만의 지도로 물리학을 공부했고, 1920년대에는 방사능 붕괴가 일어나는 이유를 불확정성의 원리에 의한 터널 효과로 설명하여 주목을 받기도 했다. 그런데 스탈린 정권하에서 친구가 처형당하는 것을 본 가모프는 신변에 위협을 느끼고 러시아에서의 탈출을 시도했다. 가모프는 아내와 함께 두 번이나 카약으로 흑해를 건너 터키로 탈출을 시도했으나 기상 악화로 번번이 실패했다. 그러다가 1933년 마침내 브뤼셀에서 열린 물리학 컨퍼런스 참석 도중 아내와 함께 망명에 성공했다. 1년 후 미국으로 옮겨가 조지 워싱턴 대학의 교수가 된 가모프는 20여 권의 교양과학 서적을 집필하여 대중에게 널리 알려지기도 했다.

1940년대에 가모프의 관심사는 우주를 이루고 있는 원소들이 어떻게 만들어졌는가 하는 것이었다. 영국의 과학자 어니스트 러더퍼드(Ernest Rutherford)가 1910년 원자핵을 발견한 이후 물질을 이루고 있는 원자의 구조에 대해 많은 사실이 밝혀졌다. 1925년 하버드 대학에서 공부하던 영국의 여성 천문학자 세실리아 페인은 태양의 대부분이 가장 가벼운 원소인 수소로 이루어져 있다는 사실을 발견했고, 독일의 물리학자 한스 베테는 수소가 헬륨으로 융합되는 핵융합이 태양에너지의 원천이라는 사실을 밝혔다. 핵융합에 의해 헬륨이 만들어진다면 다른 원소들도 비슷한 과정을 거쳐 만들어졌을 것이라는 추론이 가능했다. 그런데 핵융합이 일어나기 위해서는 매우 뜨거운 곳이 있어야만 한다. 태양 같은 별들의 내부 온도는 많은 무거운 원소를 만들어 내기에는 충분히 뜨겁지 않았다. 그러므로 매우 뜨거운 곳은 다른 곳에서 찾아야 했다.

가모프는 막 태어난 초기의 우주를 그 '매우 뜨거운 곳'으로 생각했다. 초기 우주의 뜨거운 열 속에서 우주를 이루는 원소들이 만들어졌다고 주장한 것이다. 가모프는 제자인 랄프 알퍼(Ralph Alpher)와 함께 구체적인 내용을 정리한 논문을 제출하면서 한스 베테를 논문의 공동저자에 포함시켰다. 논문의 저자를 알파-베타-감마와 유사한 알퍼-베테-가모프로 하기 위해서였다. 가모프의 재치가 잘 발휘된 예라고 할 수 있겠지만 연구에 참여하지 않은 사람을 저자로 끌어들인 바람에 한스 베테는 본의 아니게 랄프 알퍼와 어색한 사이가 되어버렸다. 어쨌든 이 역사적인 논문은 알파-베타-감마 논문이라는 이름으로 알려졌다.(R50) 이 논문에서는 우주에 존재하는 물질(여기서는 보통물질을 의미한다) 중 수소보다 무거운 물질의 약 25퍼센트는 초기 우주의 뜨거운 열에서 만들어졌다고 주장했는데, 실제로 별과 은하들의 성분은 수소가 약 75퍼센트이고 헬륨이 약 25퍼센트이다. 그리고 나머지 원소들은 극소량으로 존재한다. 이것은 지금까지도 대폭발 이론을 지지하는 강력한 근거의 하나로 인정되고 있다.

알파-베타-감마 논문에 우주배경복사에 대한 내용은 포함되어 있지 않았다. 우주배경복사는 이 논문 바로 직후에 이루어진 랄프 알퍼와 로버트 허먼(Robert Herman)의 연구 결과다.(R51) 그들은 대폭발 당시 엄청난 고온 상태였던 우주가 팽창과 함께 냉각하여 오늘날 절대온도 5K에 이르게 되었다고 계산했다. 이들의 연구는 크게 주목받지는 못했다. 알퍼의 증언에 따르면 가모프조차도 이 계산 결과에 대해 미심쩍어했다고 한다. 그리고 절대 영도보다 약간 높은 온도의 열복사는 몇 밀리미터의 파장을 갖는데, 누군가가 복사를 보고 싶어 했다 하더라도 당시로는 그것을 관측할 기술이 없었다.

1960년대 미국 뉴저지 주의 홈델(Holmdel)에 위치한 벨 연구소는 전성기를 구가하고 있었다. AT&T사는 1980년대에

법원의 명령으로 분리되기까지 미국의 거의 모든 통신 서비스를 독점하고 있었다. 그러다 보니 통신기술과 직접 상관이 없는 순수 과학 연구에 투자할 만한 자금이 충분했다. 똑똑한 과학자들이 회사가 원하는 연구가 아니라 자신이 중요하다고 생각하는 연구를 할 수 있는 환경이 마련되었다. 그 시기 벨 연구소에서 현대적인 컴퓨터를 가능하게 만든 트랜지스터와 레이저 기술이 발명되었다.

당시 AT&T사에서 행한 프로젝트 중 하나는 에코(Echo)라는 이름의 풍선을 높이 띄워 초단파 통신 신호를 반사시키는 것이었다. 반사된 초단파는 전파망원경으로 수신되었다. 이 신호는 너무나 약했기 때문에 잡음 제거가 중요한 문제였다. 그런데 아무리 해도 미세한 잡음이 없어지지 않았다. 수년 동안 여러 기술자가 미세한 잡음의 원인을 알아내려고 했지만 성공하지 못했다.

1964년 전파 천문학자 아노 펜지어스와 로버트 윌슨이 이 잡음 문제를 해결해보기로 결심했다. 이 잡음은 모든 방향에서 감지되었기 때문에 처음에 그들은 이것이 우주에서 오는 것이 아니라 망원경의 이상이라고 생각하고 망원경의 표면에 묻어 있는 비둘기의 배설물까지 닦아냈다. 하지만 잡음은 사라지지 않았고, 그들은 원인을 알아낼 수가 없었다. 그리고 그들은 불과 60킬로미터 정도 떨어진 곳에 있는 프린스턴 대학에서 데이비드 윌킨슨(David Wilkinson)과 피터 롤(Peter Roll)이라는 젊은 연구원이 건물 옥상에 우주에서 오는 초단파를 관측하기 위한 전파망원경을 만들고 있다는 사실도 알지 못했다.

프린스턴 대학에서 초단파 관측을 주도하고 있던 사람은 로버트 디키(Robert Dicke)였다. 디키는 제자인 제임스 피블스(오스트라이커와 함께 은하의 암흑물질의 양을 계산한 인물)와 함께 만약 대폭발 이론이 옳다면 원시 복사가 존재할 것이며 그것이 검출될 수 있을 것이라고 계산했다. 그들은 1940년대의 알퍼와 허먼의 연구에 대해서는 알지 못하는 상태에서 원시 복사를 탐색하기 위한 실험을 준비하고 있었던 것이다.

1965년 봄, 윌킨슨과 롤의 안테나가 거의 완성될 무렵 피블스는 뉴욕에서 열린 미국 물리학회에 참가하여 프린스턴 대학에서 만들고 있는 전파망원경과 그 이론적 배경에 대해서 발표했다. 그 자리에는 피블스와 함께 디키의 제자로 프린스턴 대학원에서 공부한 천문학자 켄 터너(Ken Turner)가 있었다. 피블스의 발표를 인상 깊게 들은 터너는 카네기 연구소에 있던 동료 천문학자 버나드 버크(Bernard Burke)에게 그 이야기를 전했다. 그리고 한 달 후 버크는 친구인 펜지어스의 전화를 받았다. 펜지어스에게 전파망원경에서의 잡음 이야기를 들은 버크는 곧바로 터너에게 들은 피블스의 발표를 떠올렸다. 그는 펜지어스에게 가까운 프린스턴 대학에 문의해볼 것을 권했다.

디키는 피블스, 윌킨슨, 롤과 함께 자신의 사무실에서 점심 모임을 하던 중에 펜지어스의 전화를 받았다. 펜지어스에게서 우주의 모든 방향에서 감지되는 신호에 대한 이야기를 듣고 디키는 곧바로 그것이 바로 자신들이 찾고 있던 우주배경복사라는 사실을 알아차렸다. 전화를 끊은 디키는 자기 팀을 돌아보며 이렇게 말했다 "여러분, 우리가 한발 늦었습니다."

그들은 곧바로 차를 몰고 벨 연구소로 가 펜지어스와 윌슨을 만났다. 두 팀은 《천체물리학 저널》에 논문 두 편을 싣기로 합의했다. 펜지어스와 윌슨은 논문에 단순히 자신들이 발견한 사실만 제시하고 이에 대한 설명은 디키와 피블스의 논문에 있을 것이라고 했다. 디키와 피블스의 논문은 대폭발이 어떻게 원시 복사를 방출할 수 있었는지 설명하고 펜지어스와 윌슨이 발견한 신호가 바로 그 복사라는 사실을 보여주었다. 이들의 논문은 1965년 5월 21일자 《뉴욕 타임스》에 1면 기사로 보도되었다.

펜지어스와 윌슨은 자신들도 모르는 사이에 우주배경복사를 발견했고 그 공로로 1978년에 노벨 물리학상을 수상했다. 그들의 상사인 벨 연구소의 이반 카미노프(Ivan

<그림 Ⅳ-4> 아노 펜지어스(오른쪽)와 로버트 윌슨, 그리고 그들이 우주배경복사를
발견하는 데 사용한 전파망원경.

Kaminow)는 그들의 행운을 이렇게 요약했다. "그들은 똥을
찾다가 금을 발견했다. 우리들 대부분의 경험과는 정반대
다."(R02, 322쪽) 하지만 펜지어스와 윌슨이 우주배경복사를
발견한 것은 순전히 운이 좋았기 때문만은 아니다. 이들이
아니었다면 우주배경복사 발견으로 노벨상을 받았을 가능
성이 가장 높았던 윌킨슨은 그들의 업적을 이렇게 평가했
다. "그들은 정말 기가 막힌 장비를 만들었어요. 내가 알고
있는 최고의 전파망원경 전문가들입니다. 아마도 대부분의

사람들이 포기하고 말았을 상황에서도 그들은 절대 포기하지 않았어요."(R52)

사실 1978년 노벨 물리학상에 대해서 가장 억울해할 사람은 우주배경복사를 처음으로 예측했던 랄프 알퍼일 것이다. 우주배경복사 발견이 노벨상을 받을 만한 대단한 업적이라면 그것을 이론적으로 예측한 업적에도 노벨상을 수여할 충분한 이유가 있다. 하지만 안타깝게도 알퍼는 펜지어스가 노벨상 시상식장에서 자신의 이름을 언급한 것으로 만족해야 했다.

1940년대에 알파-베타-감마 논문으로 빅뱅 이론이 정립되고 알퍼와 허먼이 우주배경복사를 예측하긴 했지만 대폭발 이론이 곧바로 과학자들의 지지를 얻은 것은 아니다. 처음 우주가 탄생했을 때의 우주에는 우리가 아는 보통물질은 수소밖에 없었다. 가모프는 우주 초기 높은 온도에서의 핵융합 반응으로 나머지 원소들이 만들어졌다고 주장했다. 실제로 우주 초기 높은 온도에서의 핵융합 반응으로 수소 원자는 헬륨 원자로 변환되었다. 그래서 우주에는 수소가 가장 많이 존재하고 그다음으로 많은 것은 헬륨이다. 가모프는 이때 전체 수소의 약 25퍼센트가 헬륨으로 변환되었다고 계산했는데, 이것은 관측 결과와도 잘 맞고 현재까지도 빅뱅 이론을 지지하는 강력한 증거의 하나로 여겨지고 있다.

그런데 가모프는 이후 계속되는 핵융합으로 점점 더 무거운 원소들이 만들어지면서 우주를 이루는 원소들이 우주 초기에 모두 만들어졌다고 주장했다. 하지만 이 이론에는 문제가 있다. 무거운 원소들을 만드는 핵융합은 일어나기도 어려운 데다가, 우주는 팽창하면서 식어가기 때문에 무거운 원소를 만들 기회와 에너지가 점점 줄어든다는 것이다. 우주 초기의 높은 온도에서 무거운 원소들이 만들어진다는 가모프의 아이디어는 태양 중심에서 수소 핵융합에 의해 헬륨이 만들어진다는 한스 베테의 이론에서 온 것이다. 가모프가 그의 논문 저자에 한스 베테를 포함시킨 것에는 이런 이유도 있었다. 그런데 초기의 우주가 아니라 별의 중심에서도 무거운 원소들을 만드는 핵융합이 일어날 수 있다는 사실을 가모프는 미처 생각하지 못했다. 이것을 제안한 사람은 영국의 천문학자 프레드 호일이다.

호일은 공교롭게도 빅뱅 이론의 가장 강력한 반대론자이기도 했다. 빅뱅 이론에 따르면 우주 공간은 팽창을 계속하여 은하들이 퍼져나가고 우주는 점차 구름처럼 흩어지게 된다. 그렇게 되면 결국 우주는 모든 물질이 공간에 퍼져버리는 '열역학적 죽음'을 피할 수 없게 된다. 호일은 이 점이 마음에 들지 않았다. 그는 우주가 항상 변함없이 그 상태를 유지한다는 정상 상태 우주론을 주장했다. 그런데 1950년대 당시 우주가 팽창하고 있다는 사실은 분명해졌다. 그렇다면 팽창하는 우주가 어떻게 항상 그 상태를 유지할 수 있단 말인가? 호일은 우주가 팽창하면서 새로운 공간만 만들어내는 것이 아니라 새로운 물질도 계속 생성해낸다고 주장했다. 우주는 진공으로부터 계속 새로운 원자를 만들어내고 이 원자들이 모여서 새로운 은하를 만들어내기 때문에 과거나 지금이나 항상 같은 상태로 남아 있다는 것이다.

아무것도 없는 진공에서 새로운 물질이 계속 만들어진다는 주장은 얼핏 말이 안 되는 것처럼 들린다. 하지만 사실 과거의 어느 한순간에 우주의 모든 물질이 갑자기 나타난 것도 말이 되지 않기는 마찬가지다. 호일은 오히려 한순간에 모든 물질이 탄생했다는 설명보다는 물질이 서서히 지속적으로 만들어진다는 것이 더 쉽고 합리적이라고 주장했다. 가모프와 마찬가지로 호일 역시 일반인을 위한 기사와 책을 많이 쓴 유명인이었기 때문에 영국의 BBC 방송은 우주의 기원을 주제로 한 프로그램에서 호일을 인터뷰했다. 이 방송에서 호일은 가모프의 이론을 비판하면서 "그렇다면 우주의 모든 물질이 과거의 어느 한순간에 뺑(Big Bang) 하고 만들어졌다는 말이군요"라는 말을 했는데, 유머 감각이 풍부했던 가모프는 이 말을 재미있게 여겨 자신의 이론을 빅뱅 이론이라고 불렀다고 한다.

그런데 호일은 무거운 원소들의 기원을 밝히기는 했지만 빅뱅 이론을 부정했기 때문에 우주 물질의 약 25퍼센트나 차지하는 헬륨의 존재를 설명하지 못했다. 모든 원소가 별의 중심에서 만들어졌다면 헬륨은 매우 희귀한 원소가 될 수밖에 없다. 빅뱅 이론은 호일의 이론을 받아들여서 우주 초기의 대폭발로 수소와 헬륨이 만들어지고 무거운 원소들은 별에서 만들어졌다고 설명할 수 있다. 하지만 대폭발 자체를 부정하는 정상 상태 이론으로는 무거운 원소들의 생성 과정을 설명할 수는 있어도 풍부한 헬륨의 존재는 설명할 수가 없다. 그리고 1950년대에 들어 바데에 의해 빅뱅 이론의 가장 큰 문제점인 우주의 나이 문제가 해결되면서 빅뱅 우주론과 정상 상태 우주론 사이의 논쟁은 점점 정상 상태 우주론에게 불리한 방향으로 흘러가고 있었다. 그러던 중 1964년, 우주배경복사가 발견되면서 거의 20년 가까이 이어진 두 우주론 사이의 논쟁은 빅뱅 우주론의 완벽한 승리로 끝나고 정상 상태 우주론은 역사의 뒤꼍으로 사라지게 되었다.

우주 탄생의 비밀을 간직한
우주배경복사

　우주 탄생 직후에 나타나 우주 전체에 퍼져 있는 우주배경복사는 우리 우주에 대한 많은 정보를 담고 있다. 이 우주배경복사를 좀 더 정밀하게 관측하려는 노력은 우주배경복사가 발견된 이래 지금까지 계속되고 있다. 우주배경복사의 정밀한 관측에 가장 획기적인 기여를 한 것은 1989년에 발사된 코비(Cosmic Background Explorer, COBE) 위성이다.

　우주배경복사는 지구 대기를 뚫고 지상까지 도달하긴 하지만 대기를 통과하면서 많은 양이 흡수되어버리기 때문에 지상에서 관측하는 데에는 한계가 있다. 그래서 1990년대 이전에는 최대한 대기의 영향에서 벗어나기 위해서 관측 기기를 로켓이나 풍선에 실어서 하늘로 띄웠다. 하지만 비교적 높이 올라갈 수 있는 로켓은 공중에서 몇 분밖에 머물 수 없었고, 풍선은 몇 시간 정도 머물 수 있었지만 높이 올릴 수가 없었다.

그래도 이런 시도로 지구의 움직임 때문에 나타나는 우주배경복사의 도플러 이동 현상을 관측하는 데 성공하기도 했다. 도플러 이동 현상은 우주배경복사의 파장이 지구가 움직이는 방향으로는 전체적으로 짧아지고 반대 방향으로는 길어지는 현상이다. 이것은 우리가 관측하고 있는 복사가 정말로 우주 초기에 만들어진 우주배경복사가 분명하다는 확신을 심어주는 데 큰 역할을 했다. 하지만 1980년대에는 우주배경복사가 빅뱅 이론으로 설명하기에는 부적합할 정도로 높은 에너지를 가진다는 관측 결과가 나오기도 했다. 나중에 이것이 관측 오류로 밝혀지면서 지구 대기에서 벗어난 우주에서 장시간 우주배경복사를 관측할 필요성에 대한 공감대가 더 크게 형성되었다.

1989년 11월에 발사된 코비 위성은 곧바로 우주배경복사의 전체 파장대를 정밀하게 관측하기 시작했다. 그리고 1990년 1월, 워싱턴에서 열린 미국 천문학회에서 코비 프로젝트의 책임자인 존 매더는 코비 위성의 첫 번째 관측 결과를 발표했다. 학회장을 가득 메운 천문학자들은 관측 자료의 정밀도와 그 결과에 대해 놀라움을 감추지 못했다. 우주의 모든 곳에 균일한 온도로 퍼져 있는 코비의 우주배경복사 관측 자료는 정확하게 빅뱅 이론이 예측한 결과를 보여주고 있었다. 당시 나는 천문학과 학부생이었기 때문에 그 소식을 듣지 못했지만 나중에 그 자리에 참석했던 많은 국내의 천문학자들로부터 그 순간의 감동에 대해서 전해 들은 바 있다.

코비의 두 번째 임무는 균일한 우주배경복사에 숨어 있는 미세한 온도의 차이를 찾아내는 것이었다. 빅뱅 이론에 따르면 우주배경복사는 전체적으로 균일해야 하지만 완벽하게 균일해서는 안 된다. 우주 전체가 완벽하게 균일하다면 우리가 지금 보고 있는 은하나 별들이 만들어질 수가 없었고 결국 우리 자신도 존재할 수가 없게 된다. 그러므로 우주배경복사에는 현재 우주의 은하와 별들의 '씨앗'이 되는 미세한 온도 변화가 남아 있어야만 한다. 이 미세한 온도 변화는 밀도의 미세한 차이 때문에 만들어지는 것인데 여기서 밀도가 미세하게 높은 부분이 성장하여 은하와 별이 만들어지게 된 것이다.

하지만 이 미세한 온도 변화를 관측하는 일은 쉽지 않다. 이 관측을 가장 어렵게 만드는 것은 하늘에서 큰 부분을 차지하고 있는 우리 은하이다. 우리 은하에 있는 먼지 입자들은 우주배경복사와 비슷한 파장의 복사를 방출하는데 그 복사가 하늘 전체에 영향을 미쳐서 약한 우주배경복사의 관측을 어렵게 만든다. 우주배경복사의 미세한 온도 변화는 평균 온도에서 약 10만 분의 1 규모로 나타나는데 코비

이전의 어떠한 시도도 관측에 성공하지 못했다. 코비는 3년에 걸친 관측으로 이 온도 변화를 관측하는 데 최초로 성공했다.

1992년 워싱턴에서 열린 또 다른 학회에서 우주배경복사의 온도 변화를 관측하는 연구 팀의 책임자인 조지 스무트는 기자들도 포함되어 있는 청중 앞에서 코비가 우주론의 '성배'를 발견했다고 발표했다. 스무트는 "만일 당신이 종교를 믿는다면 이것은 신의 얼굴을 보는 것과 같다"고 말했는데 이 말은 "신의 얼굴을 보다"라는 제목으로 주요 언론에 대문짝만 하게 실렸다. 그리고 로스앤젤레스에서 폭동이 일어나기까지 거의 일주일 동안 우주론은 미국 언론의 주요 뉴스 자리를 차지했다. 코비의 활약 덕분에 존 매더와 조지 스무트는 2005년 노벨 물리학상을 수상했다.(컬러 삽화 12, 20쪽)

우주배경복사에서의 미세한 온도 변화는 밀도의 차이에서 생긴 것이고, 이것 때문에 우리가 지금 보고 있는 은하와 별들이 만들어졌다. 여기에서 중요한 것은 온도 변화가 있는 지점의 크기가 얼마나 되는가 하는 것이다. 이 크기가 어느 정도가 되어야 하는지는 이론적으로 잘 계산되어 있다. 문제는 관측 결과가 이론적인 계산과 잘 일치하느냐이다. 온도 변화가 있는 지점의 크기는 우주가 어떤 모습을 하고 있는지에 의해, 즉 Ω_M과 Ω_Λ의 합인 Ω의 값에 의해 결정된다. Ω가 1보다 큰 닫힌 우주라면(<그림 I-2> 참조) 우주가 안쪽으로 휘어져 있기 때문에 이 지점의 크기가 Ω가 1인 편평한 우주보다 더 커야 하고, Ω가 1보다 작은 열린 우주라면 우주가 바깥쪽으로 휘어져 있기 때문에 이 지점의 크기가 더 작아야 한다. 하늘에서 이 크기는 각크기로 약 0.6도로 예측된다. 그런데 코비의 해상도는 약 7도밖에 되지 않기 때문에 코비의 관측 자료로는 정확한 우주의 모습을 알아낼 수가 없다. 훨씬 더 정밀한 관측이 필요했다.

더욱더 정밀한 우주배경복사 관측을 위한 천문학자들의 노력은 2001년 WMAP(Wilkinson Microwave Anisotropy Probe)의 발사로 이어졌다. WMAP의 해상도는 약 0.3도로 코비보다 33배나 더 좋아졌다. WMAP이 측정한 우주배경복사의 온도는 2.725K이고 온도의 변화는 0.0005도였다. 이 위성의 이름에는 이 프로젝트의 주역이었던 데이비드 윌킨슨의 이름이 붙어 있다. 나는 개인적으로 WMAP이라는 이름을 들었을 때 왜 나에게는 생소한 윌킨슨이라는 이름이 그렇게 중요한 위성의 이름에 붙어 있는지 궁금했다.

윌킨슨은 1960년대 중반 펜지어스와 윌슨이 아니었다면 최초의 우주배경복사 관측자가 될 뻔했던 바로 그 사람이다. 윌킨슨은 천문학자이면서 관측 기기 개발에 뛰어난 능

력을 갖춘 기술 전문가이기도 했다. 이미 오래전부터 우주
배경복사를 연구해왔던 윌킨슨은 당연히 코비 위성 제작에
서도 중요한 역할을 맡아야 했다. 우주배경복사의 전체적
인 분포를 관측하는 임무의 책임자는 존 매더가 맡았고, 우
주배경복사의 온도 변화를 관측하는 임무의 책임자는 윌킨
슨이 적임자였다. 하지만 윌킨슨은 코비와 같은 대규모 프
로젝트보다는 자신이 직접 기기 제작과 연구에 참여할 수
있는 소규모 프로젝트를 선호했다. 그래서 그 임무의 책임
자는 조지 스무트가 되었고 매더와 스무트는 노벨상 수상
자가 되었다.

코비는 엄청난 성공을 거두었지만 더 많은 것을 알기 위
해서는 더 정밀한 우주배경복사 관측이 필요했다. 하지만
이미 우주배경복사 관측을 위해 코비라는 대규모 프로젝트
를 마친 NASA는 또다시 그만한 프로젝트를 추진할 여력이
없었다. 애초부터 대규모 프로젝트를 좋아하지 않았던 윌
킨슨은 주변의 전문가들을 모아 새로운 프로젝트를 조직해
나갔다. 천문학자들보다는 공학자들의 손에 모든 것이 맡
겨졌던 코비의 제작 과정을 좋아하지 않았던 윌킨슨은 천
문학과 기기 개발을 함께 수행할 수 있는 과학자들을 중심
으로 가능한 한 소규모 팀을 꾸렸다. 그리고 이것은 최소의
비용으로 최대의 효과를 거두기 원하는 NASA의 방침과 잘

맞았다.

우주배경복사 관측을 위한 새로운 위성을 개발하는 프로젝트는 윌킨슨이 아니었다면 쉽게 이루어지지 않았을 것이다. 그는 뛰어난 능력을 가지고 있으면서도 매우 겸손하고 성실했으며, 후배 과학자들에게 훌륭한 멘토 역할을 수행하여 사람들의 존경을 받았다. 2001년 발사 당시에는 MAP이었던 새 위성의 이름은 2002년 윌킨슨이 사망하자 프로젝트 팀원들에 의해 WMAP으로 바뀌었다. 그는 아마도 노벨상보다도 이 이름에 더 고마워할 것이다.(컬러 삽화 13, R52, 21쪽)

우주배경복사 관측 자료에서 중요한 것은 온도 변화가 있는 지점의 크기인데 이 크기는 일정하지 않다. 그리고 각 지점 하나하나의 크기보다는 전체적인 패턴이 중요하다. 천문학자들은 이것을 각 지점의 크기에 따라 온도 변화가 어느 정도 나타나느냐로 표시하는데, 이것을 '파워 스펙트럼'(power spectrum)이라고 한다.

〈그림 IV-5〉는 WMAP이 구한 우주배경복사의 파워 스펙트럼이다. 그래프의 x축은 온도 변화가 있는 지점의 각 크기이고(왼쪽이 크고 오른쪽이 작다) y축은 온도가 변화한 정도가 된다. 온도 변화가 크게 일어나는 지점의 크기는 대부분 0.5도에서 2도 사이인 것을 알 수 있다. 이 그래프에서 중요한 것은 온도 변화가 가장 크게 일어난 지점의 크기가 얼마

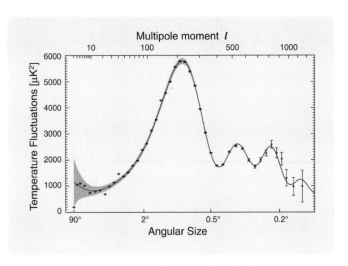

<그림 IV-5> WMAP이 구한 우주배경복사의 파워 스펙트럼. © NASA/WMAP Science Team

인가 하는 것이다. WMAP의 관측 자료로 이 지점의 크기가 0.6도라는 것을 알 수 있는데, 이것은 천문학자들이 Ω가 1인 편평한 우주에서 예측한 값과 정확하게 일치한다. 우리 우주가 공처럼 양으로 휘어진 우주라면 이 크기가 더 커야 하고, 말안장처럼 음으로 휘어진 우주라면 더 작아야 한다. 우리 우주가 Ω가 1인 편평한 우주라는 확실한 증거를 가지게 된 것이다.

그런데 〈그림 IV-5〉를 보면 온도 변화의 최댓값은 각크기 0.6도 지점에서 일어나지만 더 작은 각크기에서 부분적인 최댓값이 나타나는 것을 볼 수 있다. 이것은 밀도의 변화가 만들어질 때 암흑물질과 보통물질이 어떤 역할을 했는지를 보여주는 것이다. 그래서 이 최댓값들의 비율을 이용하면 암흑물질과 보통물질의 양을 알아낼 수 있다. 과학자들이 계산한 결과에 따르면 암흑물질과 보통물질의 양은 우주 전체 에너지 밀도의 약 27.9퍼센트를 차지하고 있다. 보통물질이 차지하고 있는 비율은 약 4.6퍼센트이므로 암흑물질의 비율은 약 23.3퍼센트이다. 우리 우주는 Ω가 1인 편평한 우주이므로 암흑에너지가 차지하는 비율은 약 72.1 퍼센트가 된다. 이것은 초신성 관측으로 구한 우리 우주의 물질과 에너지 분포의 결과와 아주 잘 맞는 결과다. 결국 우주배경복사는 초신성 관측과는 독립적인 방법으로 우주의 가속 팽창을 증명하고 있는 것이다.

　　우주배경복사가 가지고 있는 정보는 이것뿐만이 아니다. 우주의 구성 성분과 현재 우주의 팽창 속도를 알기 때문에 우리는 우주배경복사가 방출된 후 우리 우주가 시간이 지나면서 어떻게 변해왔는지 정확하게 알아낼 수 있게 되었다. 다시 말해서 우리 우주의 나이를 계산할 수 있게 된 것이다. 이렇게 계산한 우리 우주의 나이는 137억 2천만 년이다. 우리가 알고 있는 우주의 나이 137억 년은 바로 우주배경복사의 정밀한 관측으로 얻게 된 결과인 것이다.

WMAP보다 더 정밀한 우주배경복사 관측을 위해서 유럽 우주국은 2009년 5월 플랑크(Planck)라는 위성을 발사했다. 플랑크 위성의 첫 번째 관측 결과는 2013년 3월에 발표되었는데 그 결과는 기본적으로는 기존의 이론들을 다시 한 번 확인시켜주는 것이었다. 하지만 우주의 구성 비율과 우주의 나이에 약간의 변화도 생겼다. 암흑에너지의 비율이 68.3퍼센트로 약간 낮아졌고 암흑물질의 비율은 26.8퍼센트, 그리고 보통물질의 비율은 4.9퍼센트로 약간 높아졌다. 이것은 우리 우주가 가속 팽창하는 비율이 이전에 알고 있었던 것보다 약간 더 느리다는 의미가 된다. 현재 우주의 크기가 조금 더 느린 팽창으로 만들어졌으므로 우주의 나이가 이전보다 더 많다는 결과가 나오게 된다. 플랑크 위성이 새롭게 제시한 우리 우주의 나이는 이전보다 약 1억 년 더 많아진 138억 2천만 년이다. 그래서 우주의 나이는 137억 년이 아니라 138억 년으로 수정되었다. 플랑크 위성의 관측 결과는 기본적으로는 기존의 이론들을 재확인시켜주는 것이다. 그러나 이전의 관측들보다 훨씬 더 정밀한 관측이 이루어졌기 때문에 지금까지 알지 못했던 새로운 사실도 많이 알려줄 것이다. 어쩌면 우리가 생각하지 못했던 새로운 이론이 탄생하게 될지도 모를 일이다. 더 새롭고 더 정밀한 관측이 새로운 결과를 가져다주는 것은 천문학에서 항상 있어온 일이다.

인플레이션 우주론,
빅뱅 이론의 한계를 해결하다

1970년대에 이르면서 천문학자들은 우주에 대해서 많은 것을 이해하게 되었다. 먼저 허블의 관측을 통해서 우주가 팽창하고 있다는 사실을 알았다. 그리고 은하들의 후퇴 속도와 거리를 측정하여 정확하지는 않지만 허블 상수를 구하고 우리 우주의 대략적인 나이를 알 수 있었다. 우주에 존재하는 수소와 헬륨의 비율이 빅뱅 직후에 일어난 핵융합 과정을 설명한 이론과 잘 맞는다는 사실과 1964년에 발견된 우주배경복사는 '표준 빅뱅 모형'(standard Big Bang model)이 우주를 설명하는 가장 확실한 이론으로 자리 잡을 수 있게 해주었다.

특히 우주배경복사는 빅뱅 이론을 가장 강력하게 뒷받침하는 근거가 되었다. 우주의 어느 곳이나 미세한 차이를 제외하고는 온도가 완벽하게 똑같다는 사실은 현재로서는 빅뱅 이론이 아니고는 도저히 설명할 방법이 없다. 그런데

1970년대를 지나면서 역설적이게도 바로 이 사실이 빅뱅 이론을 위협하는 가장 큰 요인이 되어버렸다.

우주의 온도가 어느 곳이나 모두 똑같다는 사실이 왜 문제가 될까? 우리가 볼 수 있는 우주의 크기에는 한계가 있다. 우주가 태어난 후 빛이 이동할 수 있는 거리만큼만 우리가 볼 수 있다. 우리가 볼 수 있는 우주의 경계를 '우주의 지평선'이라고 한다. 그러나 우리가 보는 우주가 우주의 전부는 아니다. 우리가 보는 우주의 지평선인 지점에서는 우리가 우주의 지평선에 있는 것으로 보일 것이다. 그러니까 그쪽과 반대쪽에 있는 우주는 그 지점에서는 우주의 지평선 바깥에 있는 것이기 때문에 볼 수가 없다. 그러므로 우리가 보기에 서로 반대쪽에 있는 우주의 지평선은 서로에게는 눈에 보이지 않는 우주가 되는 것이다.(그림 IV-6)

서로에게 보이지 않는 우주의 온도가 똑같다는 사실이 문제가 되는 것이다. 그 두 지점은 우주가 탄생한 이래 단 한순간도 서로 정보를 교환한 적이 없다. 그런데 이 두 지점의 온도가 똑같다는 것은 빅뱅 이론만으로는 설명되지 않는다. 빅뱅 이론에 의하면 우주배경복사가 반드시 존재해야 하지만 우주배경복사의 온도가 우주의 어디나 똑같다는 사실은 빅뱅 이론만으로는 설명할 수 없는 역설적인 상황이 되는 것이다. 이것을 우주의 '지평선 문제'(horizontal

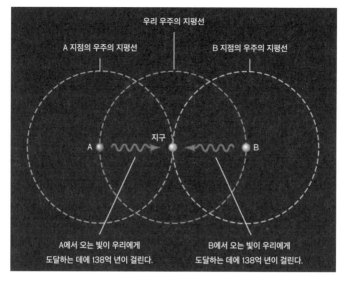

<그림 IV-6> 우주의 지평선 문제. A 지점과 B 지점은 우주가 탄생한 이후 한 번도 정보를 교환한 적이 없는데 온도가 완벽하게 똑같다는 것이 빅뱅 이론만으로는 설명되지 않는다.

problem)라고 부른다.

이 문제를 해결한 사람은 MIT에서 입자 물리학으로 박사학위를 받은 뒤 8년 동안 자리를 잡지 못하고 여러 연구소를 떠돌아다니던 앨런 구스(Alan Guth)다. 구스는 원래 천문학에는 별로 관심이 없었다. 그의 관심사는 '자기홀극 문제'(magnetic monopole problem)를 해결하는 것이었다. 전기와 자기는 동일한 힘의 두 측면일 뿐이다. 그런데 전기는 양극과 음극이 독자적으로 존재할 수 있는 반면 모든 자석은 N극과 S극이 항상 함께 존재한다. 자석을 아무리 작게 쪼개도 N극 또는 S극이 독자적으로 존재하는 자기홀극이 만들어지지는 않는다. 그런데 당시까지 확립된 입자물리학의 이론에 의하면 우주 초기에 다량의 자기홀극이 존재해야만 했다. 그런데 자기홀극을 찾기 위한 시도는 지금까지 단 한 번도 성공한 적이 없다. 우주 초기의 자기홀극은 모두 어디로 갔을까?

1979년 구스는 이 문제를 해결할 수 있는 기가 막힌 아이디어를 떠올렸다. 우주가 태어난 직후 아주 짧은 시간 동안에 급격한 팽창을 겪었다는 것이다. 우주는 짧은 시간 동안에 엄청난 비율로 팽창했기 때문에 자기홀극의 밀도도 순식간에 작아졌다. 자기홀극이 발견되지 않는 이유는 자기홀극이 없어서가 아니라 있긴 있지만 너무나도 넓은 우주에 흩어져 있어서 밀도가 매우 낮기 때문이라는 것이다.

이 이론은 우주의 지평선 문제도 아주 간단하게 해결해준다. 우주가 순식간에 너무나 커져버렸기 때문에 우리가 볼 수 있는 우주는 전체 우주의 지극히 작은 일부에 불과하다. 그렇다면 우리가 보는 우주는 이전에는 아주 작은 영역이어서 서로 정보를 교환할 수 있었기 때문에 온도가 똑같은 것이 당연한 결과가 되는 것이다.

우주가 빅뱅 직후에 급격한 팽창을 겪었다는 구스의 이론에는 인플레이션(inflation)이라는 이름이 붙었다. 구스는 인플레이션 이론이 우주론의 또 다른 골치 아픈 문제도 가볍게 해결해줄 수 있다는 것을 깨달았다. 그것은 우주가 편평하다는 것이다. 1970년대 후반에 이르면서 천문학자들은 우주 공간이 음이나 양의 곡률로 크게 휘어져 있지는 않다는 사실에 모두 동의하게 되었다. 그런데 표준 빅뱅 이론으로 이렇게 편평한 공간을 설명하기 위해서는 초기 우주의 에너지 밀도가 임계 밀도와 거의 정확하게 일치해야 한다. 빅뱅이 일어나고 1초가 지났을 때 우주의 밀도는 100조 분의 1 단위까지 세밀하게 조율되어 있었다는 뜻이다. 만일 초기 우주의 밀도가 이 범위를 벗어나 있었다면, 표준 빅뱅으로 계산된 현재의 우주 밀도는 관측 결과와 엄청나게 달라지게 된다. 이것을 '편평성의 문제'(flatness problem)라고 한다.

인플레이션 이론은 이 문제를 아주 간단하게 해결해주었다. 우주는 엄청난 크기로 팽창했기 때문에 우리가 보는 우주는 편평할 수밖에 없다는 것이다. 우리는 지구가 둥글다는 사실을 잘 알지만 우리가 볼 수 있는 영역에서는 거의 편평하다. 우주도 마찬가지다. 설사 우주 전체가 휘어져 있다고 해도 우리가 관측할 수 있는 공간은 전체 우주의 극히 일부에 지나지 않기 때문에 편평한 공간으로 간주할 수 있는 것이다.

구스는 1980년 인플레이션 이론을 처음으로 발표하던 현장을 다음과 같이 회고했다. "제 이론에서 잘못된 결과가 나올까 봐 몹시 걱정스러웠습니다. 무엇보다 두려웠던 것은 제가 우주론의 초심자라는 사실이 적나라하게 드러나는 것이었지요." 하지만 구스의 걱정과는 달리 그의 이론은 과학자들의 열광적인 환영을 받았다. 전자기력과 약한 상호작용을 통합하는 이론으로 1979년 스티븐 와인버그(Steven Weinberg)와 함께 노벨 물리학상을 수상한 셸던 글래쇼(Sheldon Glashow)는 구스에게 "당신의 이론을 듣고 스티븐 와인버그가 노발대발했다"고 전해주었다. "스티븐이 내 이론에 반대한답니까?"라고 구스가 묻자 글래쇼는 이렇게 대답했다. "아뇨, 자신이 그 이론을 진작 생각해내지 못한 것에 화가 난 겁니다."(R53) 인플레이션 이론 발표 직후 구스는 최소한 7개 기관에서 교수 또는 연구원 자리를 제안받았다. 구스는 모교인 MIT를 선택했다.

그렇게 복잡한 문제들이 이렇게 간단한 아이디어로 한꺼번에 해결될 수 있다는 것은 정말 놀라운 일이다. 구스의 인플레이션 이론은 러시아 출신의 천문학자 안드레이 린데(Andrei Linde)에 의해 더욱 정교하게 다듬어졌다. 인플레이션 이론은 빅뱅 이론의 문제점들을 단번에 해결했을 뿐만 아니라 한 가지 중요한 예측도 내놓았다.

인플레이션 이론은 우리 우주가 편평한 이유를 설명하는 데 그친 것이 아니라 한 걸음 더 나아가 우주가 반드시 편평해야 한다고 예측하고 있다. 인플레이션 이론에 따르면 Ω의 값은 정확하게 1이 되어야만 하는 것이다. 그러므로 Ω_M과 Ω_Λ의 합이 1이라는 우주 가속 팽창과 우주배경복사 관측 결과는 인플레이션 이론이 옳다는 것을 뒷받침하면서 동시에 인플레이션 이론에 의해 뒷받침되는 결과가 된다. 그래서 오늘날 가장 신빙성 있는 우주론은 '인플레이션 이론을 포함하는 빅뱅 우주론'이다.

2014년 3월 17일, 미국 하버드–스미스소니언 천체물리센터(Harvard-Smithsonian Centre for Astrophysics)는 인플레이션 이론의 관측적 증거를 발견했다는 놀라운 사실을 발표했다. 남극에 설치한 BICEP2(Background Imaging of Cosmic Extragalactic Polarization 2)라는 망원경은 우주배경복사의 편광을 관측했다. 그리고 우주배경복사에서 원형 편광 패턴을 발견했는데 이것은 인플레이션이 일어날 때 발생한 중력파에 의해 생긴 것이다. 중력파는 질량이나 운동의 변화가 있을 때 시공간에 만들어지는 파동인데, 물질과 거의 상호작용을 하지 않기 때문에 발견하기가 매우 어렵다. BICEP2는 인플레이션

이 일어나는 순간에 발생한 중력파가 우주배경복사에 남긴 흔적을 발견해낸 것이다. 인플레이션 순간에 발생한 중력파가 왜곡한 시공간을 우주배경복사가 통과하기 때문에 그 흔적이 우주배경복사에 남아 있게 되는 것이다. 이것은 그동안 이론으로만 존재했던 우주 초기의 인플레이션이 실제로 일어났다는 확실한 증거를 찾은 대단한 발견이다. 우주론 분야에 또 하나의 노벨상이 수여될 것은 분명해 보인다.

또 하나의 가속 팽창의 근거,
은하들의 분포도

　멀리 있는 초신성 관측 결과와 우주배경복사는 우주가 가속 팽창하고 있다는 사실을 독립적으로 증명하고 있으며 인플레이션 이론도 이 사실을 뒷받침하는 근거가 되고 있다. 그런데 천문학자들은 우주의 가속 팽창을 증명하는 또 하나의 근거를 찾아냈다. 그 근거는 바로 우리 우주에서 은하들이 분포하고 있는 모습이다.

　앞에서 설명했던 우주 초기의 모습을 다시 한 번 살펴보자. 초기의 우주는 전자와 양성자, 중성자, 광자들이 밀집된 뜨거운 플라즈마로 이루어져 있었다. 이때는 모든 입자들이 충돌하지 않고 자유롭게 움직일 수 있는 거리가 매우 짧았다. 우주가 팽창하면서 온도가 점점 낮아지다가 빅뱅이 일어난 지 약 38만 년 후 온도가 약 3천 도가 되었다. 그리고 전자와 양성자가 결합하여 수소 원자가 만들어져 밀도가 갑자기 낮아졌다. 밀도도 낮아졌고 전자와 양성자가 결합하여 전기적으로 중성이 되었기 때문에 광자가 쉽게 움직일 수 있게 되었다. 이때 빠져나온 빛이 지금 관측되는 우주배경복사이다. 우주배경복사는 매우 균일하지만 10만 분의 1 수준의 온도 변화가 있고 이 온도 변화 때문에 은하와 별이 만들어졌다. 온도가 상대적으로 높은 곳은 밀도가 높기 때문에 그런 현상이 나타나는 것인데, 이 지점에 물질들이 모여서 은하와 별이 만들어진다.

그런데 이 과정에서 한 가지 중요한 일이 발생한다. 밀도가 높은 지점에 물질들이 모이면 물질들이 상호작용을 통해 열을 만들어내어 온도가 상승한다. 이 열은 중력과 반대로 플라즈마를 밖으로 밀어내는 압력을 발생시킨다. 서로 반대 방향으로 작용하는 중력과 압력은 마치 소리의 파동과 같은 진동을 만들어낸다. 이것을 '바리온 음파 진동' (Baryon Acoustic Oscillation, BAO)이라고 한다. 높은 밀도를 만들어내는 주요 입자인 양성자와 중성자를 바리온 입자라고 하기 때문에 이런 이름으로 불리는 것이다.

밀도가 높은 상태의 플라즈마 중심부에서 음파가 만들어진 경우를 생각해보자. 여기에는 암흑물질과 바리온 입자, 광자가 모두 모여 있다. 여기에서 중력과 압력에 의해 만들어지는 음파는 바리온 입자와 광자를 바깥쪽으로 이동시킨다. 호수에 돌을 던지면 원형의 파동이 생기는 것처럼 여기에서도 음파의 모양은 구형이 된다. 암흑물질은 중력하고 만 상호작용하기 때문에 파동의 영향을 받지 않고 중심부 에 그대로 머물러 있다.

밀도가 높을 때는 바리온 입자와 광자가 함께 구형으로 퍼져나가다가 전자와 양성자가 결합하여 갑자기 밀도가 낮 아지면 광자는 더 이상 바리온 입자와 상호작용하지 않고 빠져나가버린다. 그러면 바리온 입자만 구형을 이루면서 남아 있게 된다. 이 바리온 입자를 중심으로 물질들이 모여 서 은하가 만들어지므로 결국 은하들은 우주에 무작위로 균일하게 분포하는 것이 아니라 둥근 모양의 구조를 이룬 다. 우주 전체적으로 보면 은하들의 분포는 거의 균일하지 만 조금 더 작은 규모로 보면 특별한 형태의 구조를 가지게 되는 것이다.

바리온 음파가 어떻게 움직이는지는 이론적으로 비교 적 간단하게 알 수 있기 때문에 과학자들은 전자와 양성자 가 결합하던 시기에 만들어진 바리온 구의 크기를 계산할 수 있다. 그리고 우주배경복사를 관측하면 이 크기를 정확 하게 알 수 있다. 그런데 이 바리온 구는 우주의 팽창과 함 께 팽창했기 때문에 현재의 모습과 과거의 모습을 비교하 면 우주의 팽창 속도가 더 빨라졌는지 느려졌는지 알아낼 수 있다. 이것은 멀리 있는 초신성 관측이나 우주배경복사와는 완전히 독립적으로 우주 팽창의 역사를 알아낼 수 있는 방법이 된다.

　은하는 우주를 구성하는 기본 단위이다. 대부분의 은하는 개별적으로 존재하지 않고 무리를 이루고 있다. 은하들이 모인 가장 작은 집단을 은하군이라고 한다. 그리고 은하군보다 규모가 더 큰 은하들의 집단을 은하단이라고 한다. 우리 은하에서 가장 가까운 은하단은 약 7천만 광년 떨어진 곳에 있는 처녀자리 은하단이다. 우리 은하는 안드로메다은하와 함께 20여 개의 은하로 이루어진 작은 규모의 은하 집단에 속해 있기 때문에 은하단이 아니라 은하군에 해당하는데 이것을 '국부 은하군'이라고 한다. 은하군과 은하단이 모인 것을 초은하단이라고 하는데 우리 은하는 처녀자리 은하단을 포함하는 국부 초은하단에 속해 있다.

　1980년대 중반까지만 하더라도 천문학자들은 초은하단이 우주에서 가장 큰 구조이고 이 초은하단이 우주에 고르게 분포해 있을 것이라고 생각했다. 그런데 1989년에 두께는 1천 5백만 광년밖에 되지 않으면서 길이 5억 광년, 넓이 2억 광년에 걸쳐 은하들이 연결되어 분포하고 있는 그레이트 월(Great Wall)이 발견되면서 초은하단보다 더 큰 은하의 구조가 존재한다는 사실이 밝혀졌다. 최근에 천문학자들이 수행하는 프로젝트들 중에는 특정한 대상을 목표로 하여 관측하는 것이 아니라 하늘의 넓은 영역을 폭넓게 관측하는 서베이 관측이 많다.

서베이 관측 중에서 가장 대표적인 것은 우리나라 과학자들도 참여하고 있는 '슬론 디지털 스카이 서베이'(Sloan Digital Sky Survey, SDSS)로, 직경 2.5미터 망원경을 이용해 약 20억 광년까지의 은하들을 관측하는 프로젝트이다.(컬러 삽화 14, 22쪽) 2003년에는 슬론 디지털 스카이 서베이 관측 자료에서 '슬론 그레이트 월'이라는 구조도 발견되었다. 이런 구조들까지의 거리를 통해서 우주가 어떻게 팽창해왔는지를 알아낼 수 있는 것이다. 슬론 디지털 스카이 서베이 자료에 나타난 BAO 측정 결과는 우주가 가속 팽창하고 있다는 사실을 재확인시켜주었다.(R54) 우주 가속 팽창을 뒷받침해줄 또 하나의 근거가 생긴 것이다.

우주의 미래, 그리고
암흑에너지의 정체는?

우주를 구성하고 있는 성분 중에서 우리가 정체를 아는 것은 5퍼센트도 되지 않는다. 약 27퍼센트는 중력으로만 존재를 알 수 있는 암흑물질로 이루어져 있고, 나머지 68퍼센트는 우주 공간에 균일하게 퍼져 있는 암흑에너지로 이루어져 있다. 암흑물질은 그나마 후보로 거론되는 물질이라도 있지만 암흑에너지의 정체는 알 길이 요원하다. 그러나 정체는 알 수 없지만 그것이 존재한다는 증거는 충분하다. 이 암흑에너지의 정체를 알지 못하기 때문에 우리는 우주를 진정으로 이해한다고 주장할 수가 없다. 우주에 거의 균질하게 퍼져 있고 가속 팽창을 일으킨다는 암흑에너지의 성격은 알고 있지만 그것이 무엇인지는 모른다. 암흑에너지를 이해해나가는 과정은 우주에 대한 심오한 진리를 깨달아가는 과정이 될 것이 분명하다.

우리가 관측할 수 있는 우주는 천억 개 정도의 은하로 이루어져 있으며 그것은 점점 커지고 있다. 우주가 팽창한다는 것은 우주에 포함된 물질들이 팽창한다는 의미가 아니다. 우리 주변의 물질이나 별, 은하들이 팽창하는 것이 아니라 멀리 있는 은하들 사이의 공간이 팽창한다는 것이다. 그것도 중력으로 묶여 있는 가까운 은하들 사이의 공간은 팽창하지 않는다. 우리 은하와 안드로메다은하는 서로 멀어지는 것이 아니라 오히려 점점 가까워지고 있고 수십억 년 후에는 서로 충돌하게 될 것이다. 우주가 팽창한다는 것은 우주 멀리 있는 은하들 사이의 공간이 팽창하여 결국 우주 전체가 팽창한다는 뜻이다.

우주가 팽창하는 속도는 오랫동안 우주 내부의 물질들에 의한 중력 때문에 늦춰질 것으로 생각되어왔다. 그러므로 1998년, 두 팀의 과학자들이 우리 우주의 팽창 속도가 늦춰지는 것이 아니라 오히려 더 빨라지고 있다는 사실을 발견한 것은 충격적인 사건이었다. 두 팀은 모두 백색왜성이 다른 별에서 물질을 공급받아 폭발하는 Ia형 초신성을 표준 광원으로 사용했다. 관측된 초신성들은 예상했던 것보다 더 어두워 보였다. 이것을 이용하여 우주가 과거에 어떻게 팽창해왔는지 알아낼 수 있었다. 우주는 처음 약 70억 년 동안은 감속 팽창을 하다가 이후 약 70억 년 동안은 가속 팽창을 해왔던 것이다.

우주 가속 팽창을 일으키는 원인은 의문의 존재인 암흑에너지이다. 하지만 천문학자들은 암흑에너지를 이야기하면서 뭔가 개운하지 않은 느낌을 버릴 수가 없었다. 우리가 진정 올바른 길을 가고 있는 것일까?

다행히도 초신성 관측 이외에도 암흑에너지의 존재를 뒷받침해주는 증거가 속속 등장했다. 암흑에너지는 우주의 팽창 속도뿐만 아니라 우주 전체가 얼마만큼 휘어지게 되는지도 결정한다. 그리고 우주가 휘어진 정도는 우주배경복사에서 온도 변화의 모습이 어떻게 나타나는지 결정한다.

빅뱅의 흔적인 우주배경복사는 전 우주에서 거의 균일하지만 10만 분의 1 수준의 온도 변화가 있고 이 온도 변화 덕분에 은하와 별이 탄생할 수 있었다. 공간이 휘어진 정도는 이런 온도 변화가 생긴 지점의 크기에 영향을 미친다. 우리 우주가 책상처럼 편평하다면 온도 변화가 나타나는 지점의 크기는 약 0.6도일 것으로 예상되었고 실제 관측 결과도 그렇게 나왔다. 만일 우주 공간이 공처럼 안쪽으로 휘어져 있다면 이 크기는 더 컸을 것이고, 말안장처럼 바깥으로 휘어져 있다면 더 작았을 것이다. 그런데 보통물질과 암흑물질은 우주 전체의 30퍼센트 정도밖에 차지하지 못하기 때문에 우주가 편평하다면 우주를 구성하는 다른 성분이 반드시 있어야만 한다.

그리고 슬론 디지털 스카이 서베이와 같은 서베이 관측들은 은하들이 거대한 규모의 구조를 이루고 있는 것을 보여준다. 은하들의 분포는 대부분 암흑물질에 의해 결정되지만 암흑에너지도 중요한 역할을 한다. 서베이 관측들에서 나타난 은하들의 분포는 암흑에너지가 존재하는 우주의 모습과 거의 일치하고 있다. 그러므로 암흑에너지의 존재는 적어도 세 가지 완전히 독립적인 관측 결과에서 분명하게 증명되고 있는 것이다. 만일 암흑에너지의 존재를 부정한다면 이 모든 관측 결과를 새로운 방식으로 설명할 수 있어야만 한다.

우주를 구성하고 있는 성분의 비율은 항상 일정하지가 않다. 보통물질과 암흑물질은 우주가 팽창하면서 밀도가 낮아지는 반면 암흑에너지는 단위 부피당 크기가 항상 일정하기 때문에 우주가 팽창하면서 공간이 커지면 그 비율이 점점 더 커진다. 우주 초기 우주배경복사가 방출되던 시기에는 물질의 비율이 암흑에너지보다 10억 배나 더 컸지만 지금은 암흑에너지의 비율이 훨씬 더 크고 미래에는 더욱더 커지게 될 것이다.(컬러 삽화 15, 23쪽)

그런데 문제는 우주의 대부분을 차지하는 암흑에너지의 정체에 대해서 우리가 아는 것이 거의 없다는 사실이다. 암흑에너지의 가장 유력한 후보는 텅 빈 공간에서 나오는 진공에너지(vacuum energy)이다.

진공에너지는 1917년, 아인슈타인이 자신의 일반 상대성 이론 방정식에 우주 상수를 도입하면서 등장했다. 당시의 천문학자들은 우주가 팽창하지도 수축하지도 않고 그 상태 그대로 존재한다고 믿었다. 그래서 아인슈타인은 물질들이 끌어당기는 중력에 의해 우주가 수축하는 것을 막기 위해서 밀어내는 힘으로 우주 상수를 도입한 것이다. 하지만 1929년 허블이 우주가 팽창하고 있다는 사실을 알아내면서 아인슈타인은 우주 상수를 포기해야 했지만 우주 가속 팽창이 발견되면서 우주 상수는 다시 생명을 얻게 되었다.

진공에너지는 어떤 물질이 아니라 시공간 자체가 가지고 있는 특징이다. 말 그대로 아무것도 없는 진공에서 나오는 에너지이다. 양자역학에 따르면 모든 곳에는 불확정성의 원리가 적용된다. 그 때문에 진공에서 양자 요동이 생기고 이것이 에너지를 만들어내는 것이다. 그런데 아마도 아인슈타인은 이 이론에 동의하지 않을 것이다. 아인슈타인은 평생 양자역학을 받아들이지 않았기 때문에 우주 상수를 도입할 때 당연히 양자 요동을 고려하지 않았다.

진공에너지가 암흑에너지의 가장 유력한 후보이기는 하지만 여기에도 큰 문제가 있다. 과학자들의 계산 결과에 따르면 진공에너지의 크기는 관측된 양보다 무려 10^{120}배나 더 크다. 이것은 지금까지 과학의 역사에서 이론과 관측이 가장 크게 어긋나는 결과이다. 만일 진공에너지가 암흑에너지라면 양자 요동에서 나오는 에너지를 약화시키는 어떤 메커니즘이 존재해야만 한다는 말이다. 여기에 대한 명확한 해답은 아직 없다. 에너지를 약화시키는 메커니즘을 설명하는 이론은 몇 가지가 있다.

먼저 '초대칭(supersymmetry) 이론'이라는 것이 있다. 이것은 모든 기본 입자들이 스핀이 다른 초대칭 입자를 가지고 있다는 이론이다. 양자 요동에 의해 에너지가 발생한다는 것은 진공에서 불확정성의 원리에 의해 가상의 입자들이 만들어졌다가 사라지면서 에너지가 발생하는 것을 의미하는데, 이때 초대칭 입자들이 이 과정을 방해하여 에너지의 발생을 줄인다는 것이다.

또 우주에 눈에 보이지 않는 작은 차원들이 있어서 진공에너지를 흡수하여 에너지를 약하게 만든다는 가설도 있다. 하지만 어떤 이론도 진공에너지를 약화시키는 메커니즘을 완벽하게 설명해주지는 못한다.

불과 100년 정도의 짧은 기간 동안 많은 과학자들의 노력으로 우리는 우리 우주의 탄생과 진화의 비밀을 상당히 많이 알게 되었고 우주의 미래도 예측할 수 있게 되었다.

하지만 어떻게 보면 우주를 이해하는 것은 이제 겨우 시작일 뿐이다. 우리는 우리 우주의 대부분을 차지하고 있는 암흑물질과 암흑에너지의 정체를 아직 모른다. 어쩌면 과거 프톨레마이오스가 행성들의 움직임을 천동설에 끼워 맞추기 위해 주전원을 도입한 것과 비슷한 일을 하고 있는지도 모른다. 하지만 과학자들은 가장 엄격하면서도 가장 열린 마음을 가진 사람들이다. 우주 가속 팽창을 발견한 것도 과학자들이 선입견에 얽매이지 않고 관측 결과를 있는 그대로 받아들인 결과이다. 만일 어떤 새로운 이론이 나와서 지금까지의 관측 결과를 모두 설명해준다면 과학자들은 전혀 거리낌 없이 그 이론을 받아들일 것이다.

암흑물질과 암흑에너지의 정체를 밝히려는 과학자들의 노력은 끊임없이 계속될 것이다. 이들의 정체를 밝히는 과정은 우리가 살고 있는 우주를 좀 더 잘 이해하기 위한 노력의 과정이다. 그 과정이 쉽지는 않겠지만 그런 과학자들 덕분에 우리는 우리가 살고 있는 이 우주에 대해서 더 많은 것을 알게 될 것이다.

참고문헌

R01   David A. Weintraub, *How Old Is the Universe*, Princeton University Press, 2011, pp. 53~54.

R02   크리스 임피, 이강환 옮김, 『세상은 어떻게 시작되었는가』, 시공사, 2013, 273쪽.

R03   Ray Jayawardhana, *Strange New Worlds*, Princeton University Press, 2011, pp. 9~10.

R04   John Dvorak, *The Women Who Created Modern Astronomy*, Sky & Telescope, August 2013, pp. 28~34.

R05   Leavitt, H. S., *Annals of Harvard College Observatory*, vol. LX. no. IV, 1908.

R06   Miss Leavitt in Edward C. Pickering, *Harvard College Observatory Circular* 173, 1912.

R07   Hubble, E., *Proceedings of the National Academy of Sciences*, vol, 15, no. 3, 1929, pp. 168~173.

R08   Edwin Hubble and Milton L. Humason, *Astrophys. J.* 74, 43H, 1931.

R09   닐 투록, 이강환 옮김, 『우리 안의 우주』, 시공사, 2013, 155쪽.

R10   Baade W., *PASP*, 68, 5, 1956.

R11   Allan Sandage, *Astrophys. J.* 127, 513, 1958.

R12   David A. Weintraub, *How Old is the Universe*, Princeton University Press, 2011, p. 242.

R13   Jarosik N., et al., *Astrophys. JS.* 192, 14, 2011.

R14   데이비드 보더니스, 김민희 옮김, 『E=mc²』, 생각의나무, 2001, 240쪽.

R15   Koo, B. -C., et al., *Science*, 342, 1346, 2013.

R16   Chandrasekhar, S., *Astrophys. J.* 74, 81, 1931.

R17   *The University of Chicago News Office*, July 15, 1999.

R18   야자와 사이언스 연구소, 강신규 옮김, 『교양인을 위한 노벨상 강의, 물리학 편』, 김영사, 2011, 287쪽.

R19   Donald Goldsmith, *The Runaway Universe*, Basic Books, 2000.

R20   Baade, W., *Astrophys. J.* 88, 285, 1938.

R21   Minkowski, R., *Publications of Astronomical Society of the Pacific*, 52, 206, 1940.

R22   Robert P. Kirshner, *The Extravagant Universe*, Princeton University Press, 2002, pp. 159~160.

R23   Krause, O., et al., *Science*, 320, 1195, 2008.

R24   Perlmutter, S., *Reviews of Modern Physics*, 84, 1127, 2012. (노벨상 수상 강연)

R25   Muller, R., H. J. M. Newberg, C. R. Pennypacker, S. Perlmutter, T. P. Sasseen, and C. K. Smith, *Astrophys. J.* 384, L9, 1992.

R26   Nørgaard-Nielson, H. U., L. Hansen, H. E. Jørgensen, A. A. Salamanca, R. S. Ellis, and W. J. Couch, *Nature* (London) 339, 523, 1989.

R27   Phillips, M., *Astrophys. J.* 413, L105, 1993.

R28   Boisseau, J. R., and Wheeler, J. C., *Astronomical J.* 101, 1281, 1991.

R29   Riess, A. G., Press, W. H., and Kirshner, R. P., *Astrophys. J.* 438, L17, 1995.

R30   Riess, A. G., Press, W. H., and Kirshner, R. P., *Astrophys. J.* 473, 88, 1996.

R31   Purlmutter, S., et al., *Astrophys. J.* 483, 565, 1997.

R32   Lehnert, M. D., et al., *Nature*, 467, 940, 2010.

R33   Gavnavich, P. M., et al., *Astrophys. J.* 493, L53, 1998.

R34   Adam G. Riess, *Reviews of Modern Physics*, 84, 1165, 2012. (노벨상 수상 강연)

R35   Purlmutter, S., et al., *Nature*, 391, 51, 1998.

R36   Riess, A. G., et al., *Astronomical J.* 116, 1009, 1998.

R37   Purlmutter, S., et al., *Astrophys. J.* 517, 565, 1999.

R38   Brian P. Schmidt, *Reviews of Modern Physics*, 84, 1151, 2012. (노벨상
      수상 강연)

R39   임명신, 《물리학과 첨단기술》 2011년 12월, 14~16쪽.

R40   Rubin, V. C., and Burley, J., *Astronomical J.* 67, 491, 1962.

R41   Rubin, V. C., and Ford, Jr. W. K., *Astrophys. J.* 159, 379, 1970.

R42   Ostriker, J. p., Peebles, P. J. E., Yahil, A., *Astrophys. J.* 193, 1, 1974.

R43   Richard Panek, *The 4% Universe*, HMH, 2011, p. 190.

R44   Hoelflich, P., Wheeler, J. C., and Thielemann, F. K., *Astrophys. J.*
      495, 617, 1998.

R45   Draine, B. T., and Lee, H. M., *Astrophys. J.* 285, 89, 1984.

R46   Aguirre, A. N., *Astrophys. J.* 512, L19, 1999.

R47   Riess, A. G., et al., *Astrophys. J.* 560, 49, 2001.

R48   Suzuki, N., et al., *Astrophys. J.* 746, 85, 2012.

R49   Rodney, S. A., et al., *Astrophys. J.* 746, 5, 2012.

R50   *Physical Review*, April 1, 1948.

R51   Alpher, R. A., Herman, R. and Gamow, G. A., *Physical Review*, 74,
      1198, 1948.

R52   Michael D. Lemonick, *Echo of the Big Bang*, Princeton University
      Press, 2003, p. 43.

R53   미치오 카쿠, 박병철 옮김, 『평행우주』, 김영사, 2005, 154~155쪽.

R54   Einstein, D. J., et al., *New Astronomy Review*, 49, 360, 2005.

찾아보기

그레이트 월 330
글래쇼, 셸던 324
길리랜드, 론 231, 288

가나비치, 피터 194, 231, 234
가모프, 조지 258, 297, 299,
　304~307
각운동량 보존 법칙 124
갈릴레오, 갈릴레이 138
갈색왜성 129, 265
거대 마젤란 망원경 177
거리 지수 77
거성 88
겉보기 등급 224
겉보기 밝기 76, 102
겉보기 속도 102
게성운 10, 137, 165
골드하버, 거슨 169~170, 239~240
광도 곡선 200~202, 210, 216~218,
　227, 232, 273, 288
광도 곡선 모양 맞추기 방법 203,
　204, 206, 218, 224, 273~274
광자 328~329
구본철 136
구상성단 117, 119~120, 251, 261
구스, 앨런 321~324
국부 은하군 330
국부 초은하단 330
국제천문연맹 85

나선 성운 78~79, 97~98
나선은하 203, 210, 258, 273
나선팔 117
남쪽 허블 딥 필드 287
네메시스 157~158, 160
높은 적색편이 초신성 탐색 팀 56,
　197~198, 200, 211~212, 227~231,
　240~241, 243, 273, 292
뉴턴, 아이작 103~104, 142
뉴트랄리노 266
뉴트리노 265~266
늘이기 인자 방법 217~218
닉모스 288~290

다색 광도 곡선 모양 맞추기 방법 206,
　208~210, 218, 227, 235, 278~279, 290
닫힌 우주 53, 224, 226, 312
대마젤란은하 138~187
WMAP 위성 121, 312, 314~315, 317
덩어리 관측 217, 221, 226
도플러, 크리스티안 55

도플러 효과 55
동반성 156, 179
동반은하 138
드레이퍼, 헨리 82
드레이퍼 별 스펙트럼 목록 83~84
드레인, 브루스 279
디키, 로버트 301~302

라만, 찬드라세카라 145
라만 효과 145
라이번구터, 브루노 194, 188, 236
라플라스, 피에르 시몽 140
러더퍼드, 어니스트 297
러셀, 헨리 노리스 128
레빗, 헨리에타 79, 86~87, 89, 91,
  114, 117
로런스, 어니스트 156
로런스 버클리 실험실 155~156,
  159, 214
로빈슨, 마이클 로언 121
로웰 천문대 97
로즈, 세실 92
롤, 피터 301~302
루빈, 베라 258~259, 262, 265
루쉬너 천문대 158~159
르메르트, 조르주 106, 108~109
리스, 애덤 47~48, 56, 192, 194,

199~201, 203~204, 208, 210~211,
  217~218, 231~234, 238~241, 278,
  290, 292
리정다오 149
린데, 안드레이 324

마넨, 아드리안 판 78~79
마빈, 하이디 169~170
마운트 스트롬로 천문대 196
마자, 호세 190~191, 193
매더, 존 48, 309, 311, 313
멀러, 리처드 156~160, 169
물질 밀도 223, 246, 251
미라 86
미첼, 조지 140
민코프스키, 루돌프 162, 164
밀도 변수 53

바데, 월터 116~117, 120, 161~162, 307
바리온 음파 진동 328
바리온 입자 328~329
박명구 251
BICEP2 325
박장현 251
박찬경 139

박창범 139, 250
방출선 84
백색왜성 132, 144~147, 149~150,
  162~163, 179, 275, 333
백조자리 61 73
백조자리 X-1 141
베가 82
베셀, 프리드리히 73
베테, 한스 109, 148, 298, 305
벤틀리, 리처드 103
벤틀리의 역설 103, 105~106
벨, 조슬린 139~140, 163
변광성 86~87, 89, 119
보일, 윌러드 167
보클레르, 제라르 드 121
보통물질 61, 255, 264~265, 298,
  316, 334~335
보현산 망원경 177
분광기 81
불확정성의 원리 146, 297, 337
브라헤, 튀코 71, 73
블랙홀 140~142, 147~148
비스무트 133
빅뱅 이론 45, 49, 51~52, 111, 113,
  222, 265~266, 282, 291,
  304~307, 309, 320, 323
빈의 법칙 204

산개성단 117
샌디지, 앨런 120
섀플리, 할로 78~79, 94, 96, 108, 115
서식 가능 지역 125
선체프, 닉 189~190, 228, 238
섬 우주 77
성간 먼지 172, 187, 203, 218, 235,
  278~282, 293
성간 물질 273
성간 소광 203~204, 206, 208, 210, 227
성간 적색화 204, 278~279
성단 99
성운 99
세페이드 변광성 87~90, 94~95, 98,
  114~115, 117~119, 122, 143, 150
소마젤란은하 89, 114~115, 117
숌머, 밥 193
수소선 162~163, 166
슈밋, 브라이언 48, 56, 98, 187~189, 191,
  194, 199, 212, 231~232, 236
슈바르츠실트, 카를 141
스무트, 조지 48, 311, 313
스미스, 조지 167
스미스, 크리스 193
스바루 망원경 177
스트루베, 프리드리히 74
스펙트럼 80~82, 84, 98, 126~127, 142,
  150, 164, 193, 216, 227, 232, 275, 277,
  288, 292

스피로밀리오, 제이슨 194

슬론 그레이트 월 331

슬론 디지털 스카이 서베이 331, 335

슬리퍼, 비스토 97~98

시리우스 82

CCD 카메라 167~168, 186, 191, 193,
　286

시차 71, 73~75, 114, 157~158

CTIO 188~193, 196~197, 199, 288

쌍성 150, 156

아기레, 앤서니 280~281

아낙사고라스 67, 125

아리스타르코스 68

아리스토텔레스 67~68, 138

아인슈타인, 알베르트 59~60, 103,
　106, 107, 108~109, 141, 221~222,
　232, 238, 249, 262, 335

안드로메다은하 94~96, 116~120,
　259, 330, 333

알퍼, 랄프 298~299, 304

암흑 성운 123

암흑물질 60~61, 239, 255, 257~258,
　260, 262, 264~267, 282~283,
　316~317, 328~329, 332, 334~335,
　338

암흑에너지 60~62, 248~249, 254,

267, 279, 282~283, 285, 316~317,
　332, 334~335, 337~338

앨버레즈, 루이스 156

앨버레즈, 월터 156

양전닝 149

에너지 밀도 223, 246

에딩턴, 아서 108, 126, 146~149

에릭슨, 리프 178

에코 300

여키스 천문대 149

연주시차 73

열린 우주 52, 61, 312

예일 시차 목록 74

오스트라이커, 제레미 251, 261~262

올베르스, 하인리히 104

올베르스의 역설 104~106

와인버그, 스티븐 324

외계행성 124, 125, 263

외부 은하 78, 96, 138, 158

우리 은하 77~79, 94, 96, 116~117,
　119, 138, 158, 187, 257~259, 275, 310,
　330, 333

우주 가속 팽창 47, 49, 59, 61, 98,
　109~110, 151, 220, 234, 240, 249,
　254, 267, 270~271, 272, 279,
　281~283, 285, 290~291, 327, 331,
　334, 338

우주 상수 59~60, 104, 224, 226, 232,
　234, 237~239, 245~246, 249~251,

272, 336
우주 진화 서베이 264
우주망원경 과학 연구소 190, 231,
  287, 288, 290
우주배경복사 49, 213, 295, 299,
  303~304, 308~314, 316, 319~320,
  325~329, 334~335
우주의 지평선 320
운석 충돌설 156
원형 편광 패턴 325
윌리엄스, 밥 287
윌슨 산 천문대 78, 93, 95~96,
  109, 116
윌슨, 로버트 48, 300, 303, 312
윌킨슨, 데이비드 301~302, 313~314
유럽 남부 천문대 194
유럽 우주국 74
유럽 입자물리 연구소 155
은하군 330
은하단 330
  총알 은하단 264~265
  처녀자리 은하단 330
  코마 은하단 256~257
이명균 139
이성호 139
이시우 197
이영욱 251
이종환 139
이형목 261, 279

인플레이션 이론 245, 323~325, 327
일반 상대성 이론 59, 103, 106~107,
  141, 148, 221, 223, 249, 262, 336
임명신 250
임피, 크리스 95
입자 천체물리학 센터 213

자기홀극 237, 321~322
자동 초신성 탐색 연구 159
적색 거성 131, 150
적색왜성 156
적색편이 55, 97, 100, 102, 171, 174,
  193, 197, 208, 213, 222~224, 227,
  243, 245, 271, 282, 285~286, 288,
  291~292, 295
전파망원경 300~301, 303
절대 밝기 76~77, 99, 290
정상 상태 우주론 162, 305, 307
주계열성 129~130
중력 렌즈 현상 251, 262~264
중력파 147, 325, 326
중성자별 139, 255~256
지동설 73
진공에너지 335, 337
진스, 제임스 124
진스의 질량 124
찬드라세카르, 수브라마니안 49, 145~149

찬드라세카르의 한계 145, 149~150, 163

찬드라 X선 망원경 147

찰리스, 피트 190, 192~193, 231

천구 69

천체물리학 센터 191, 199

청색편이 97, 100

체로 토로로 천문대 179

초대칭 이론 337

초신성 56~57, 62, 86, 122, 135, 137, 142~143, 150, 155, 158, 161~163, 171, 179, 192, 197, 204, 215, 222, 228, 240, 250, 254~255, 270, 274, 283, 291, 327, 329, 334

  I형 163~165

  Ia형 143, 150~151, 162, 172, 178~180, 187, 189~191, 193, 198~201~203, 211, 215, 217, 271~272, 277, 292, 333

  Ib형 166, 211

  II형 164~165, 187~188, 190~191

  IIa형 162

  IIb형 166~167

  1995K 211, 231

  1997ff 288~291

  1997fg 288

  SN 1940B 162

  SN 1987A 187~190

  SN 1992K 208

  SN 1995E 208, 210

카시오페이아 A 136, 165~167

케플러 초신성 137~138, 165~166, 187

튀코 초신성 137, 165

초신성 우주론 프로젝트 팀 56, 173, 185~186, 193~194, 196, 198, 211~214, 217~220, 224, 226~227, 230~231, 234~235, 239~241, 243, 267, 278, 292

초은하단 330

최대 밝기 201~203, 217

축퇴 상태에 있는 물질 144~145

축퇴에 의한 압력 144, 150

츠비키, 프리츠 255~258, 262

카미노프, 이반 302

카펠라 82

칼란/토로로 서베이 189~191, 208

캐나다-프랑스-하와이 망원경 176, 188

캐넌, 애니 84~85

커시너, 로버트 185~187, 189~190, 192~194, 199~200, 217, 228, 231~234, 237, 240, 280, 290

커티스, 히버 78, 94

'컴퓨터' 80, 83, 86, 126

KMTNet 125

케플러, 요하네스 104, 137, 259

케플러 우주망원경 124

케플러 회전 259
켁 망원경 177, 212
코비 위성 308~313
퀘이사 251, 263
클로치아티, 알레잔드로 238
킴, 알렉스 170

타원은하 179, 251, 273
탈출 속도 140, 256
태평양 천문학회 210
터너, 켄 301
텅 빈 우주 56~57, 224, 226
톤리, 존 237
통계시차 114
트럼플러, 로버트 210
특수 상대성 이론 222

파브리시우스, 다비트 86
파울러, 윌리 162~ 163
파울리의 배타 원리 144
파워 스펙트럼 314
판덴버그, 시드니 257
팽대부 117, 258
펄머터, 솔 48, 56, 159~160, 168~171,
   179, 185, 192, 199, 215~217, 235,

239, 241, 292
펄사 140, 163
페니패커, 칼 168~169
페르미 연구소 155
페인, 세실리아 80, 126~127, 147, 297
펜지어스, 아노 48, 300~303, 312
편평한 우주 53, 61~62, 224, 226,
   245~246, 248, 312, 315~316
표준 광원 77, 79, 91, 122, 142, 150, 179,
   183, 189, 274, 277, 333
표준 우주 모형 49, 245
프라운호퍼, 요제프 폰 81~82
프라운호퍼 선 81
프레스, 윌리엄 200
프록시마 센타우리 71
프리드만, 알렉산드르 106~108, 297
프리드만 방정식 107
프톨레마이오스 338
플랑크 위성 317
플레밍, 윌리어미나 83~84
피블스, 제임스 261~262, 301~302
피커링, 에드워드 80, 83~84, 86~87,
   89, 126
필리펜코, 알렉스 164, 212, 235, 237,
   239~240
필립스, 마크 179~181, 183~184, 188, 191,
   193, 200~202, 217, 236, 288

하뮈, 마리오 189~190, 193

행성상 성운 83, 132

허먼, 로버트 299

허블, 에드윈 55, 60, 91~99, 100~101,
    102, 106~107, 109~110, 112~115, 118~120,
    222, 319, 336

허블 다이어그램 99, 100~101, 221,
    223~224, 239, 243, 246

허블 딥 필드 287~289

허블 상수 112~114, 120~122

허블 시간 112

허블 우주망원경 110, 121, 176, 178, 190,
    230~231, 264, 286, 287, 288~289

허블 익스트림 딥 필드 287

헤르츠스프룽, 아이나르 114~115

헤르츠스프룽-러셀 다이어그램 114, 128

헤일, 조지 95

헤일 망원경 116

헨더슨, 토마스 74

호일, 프레드 162~163, 305~307

홉킨스 산 천문대 192

후커, 존 116

후커 망원경 93, 116

휜 우주 61

휴메이슨, 밀턴 95~98, 101~102, 116

휴이시, 앤터니 139~140, 163

흡수선 81, 84, 126~127, 164

히파르코스 위성 74~75